INHALT

Stephen Hawking vor dem Marilyn-Monroe-Poster in seinem Arbeitszimmer in Cambridge, 2001

Master of the Universe

Nach dreitägiger Nonstop-Diskussion verkündete einer der Gesprächsteilnehmer einen neuen Rekord. Auf der Website eines deutschen Computermagazins (💻 1)* war die 1000. E-Mail zum Thema «Gentechnisch veredelter Mensch» eingetroffen – selbst für dieses stark frequentierte Diskussionsforum ein einsamer Spitzenwert. Was war passiert? Ein Physiker hatte lediglich seine private Meinung zum genetischen Umbau von Homo sapiens geäußert. Da es sich hier aber um den Autor von *Eine kurze Geschichte der Zeit* handelte, des wahrscheinlich erfolgreichsten Sachbuchs des 20. Jahrhunderts, geriet diese während eines Interviews eher beiläufig formulierte Meinung über die Chancen der Gentechnik zu einem weltweiten Medienereignis.

Ausgelöst hatte die Aufregung Stephen W. Hawking, Professor für theoretische Physik und Inhaber des Lukasischen Lehrstuhls an der Universität von Cambridge in England. In dem Exklusivinterview zur Veröffentlichung seines neuen Buches in Deutschland sprach er Anfang September 2001 auch über den Aggressionsinstinkt des Menschen, dessen ungebrochener Einfluss auf das Handeln von Individuen und Nationen angesichts des angehäuften Atomwaffenpotenzials nicht gerade von der überlegenen Intelligenz unserer Spezies zeuge. Da die natürliche Auslese zu langsam arbeite, um den anachronistischen Aggressionstrieb zu eliminieren, sei es unausweichlich – so Hawking –, das Erbgut gezielt gentechnisch zu verändern. Doch selbst ein solcher Eingriff dauere noch zu lange,

* Die Angaben in Klammern verweisen auf die Bibliographie (siehe Anhang): Buchstabenverweise mit und ohne Seitenzahlen belegen zitierte Literatur, 📖-Verweise nennen weiterführende Literatur, 💻-Verweise belegen Websites, 📄-Verweise mit Seitenangaben (📄 130) eröffnen inhaltliche Bezüge innerhalb dieser Monographie.

um Wirkung zu zeigen, da in Kürze elektronische Systeme die menschliche Intelligenz überflügeln und die Macht an sich reißen könnten. Um dieser Gefahr zu entgehen, müssten wir also *schnellstens Techniken entwickeln, die eine direkte Verbindung zwischen Gehirn und Computer ermöglichen, so dass die Kunsthirne zur menschlichen Intelligenz beitragen, statt sich gegen uns zu stellen* (Foc).

Während in dem Internetforum die Fetzen zwischen Befürwortern und Gegnern einer genetischen Veredelungstechnik flogen, gab es die ersten druckfrischen Exemplare des neuen Buches *Das Universum in der Nussschale.* Dort stellte Hawking klar: *Natürlich wird die Veredelung einiger Menschen zu großen sozialen und politischen Problemen hinsichtlich der nichtveredelten Menschen führen. Ich habe nicht die Absicht, die gentechnische Veränderung des Menschen als eine erstrebenswerte Entwicklung zu preisen, sondern möchte nur feststellen, dass sie stattfinden wird, ob wir wollen oder nicht.* (Nus: 173)

Für einen Wissenschaftler, der bereits als Gast in einer «Star Trek»-Episode mit Isaac Newton, Albert Einstein und Commander Data auf dem Holo-Deck des Raumschiffs «Enterprise» pokern durfte und der die Tücken von Zeitreisen durch Wurmlöcher hindurch beschrieb, mögen solche Sätze nichts Besonderes an sich haben. Wer sich über den Anfang und die Zukunft des Universums oder die Kolonialisierung des Weltalls Gedanken macht, hat sich eben auch längst mit den langfristigen Auswirkungen der sich abzeichnenden gentechnischen Fortschritte vertraut gemacht und eine pragmatische Haltung dazu eingenommen.

Aber die Weltöffentlichkeit horcht auf. Wer ist dieser Mann, dessen öffentliche Äußerungen wie Orakelverkündungen gehandelt, von beflissenen Hofberichterstattern rund um den Globus geschickt, von konstruktiven Kritikern zurechtgerückt und von manchen Kollegen gnadenlos zerrissen werden? Wie begegnet man einem zeitgenössischen Physiker, der beinahe schon den Status eines Popstars erreicht hat? Wo zwischen unverhohlener Missgunst (NZZ) und maßloser Verehrung als «Master of the Universe» (MaU) muss man Stephen

Hawking ansiedeln? Wie könnte man seinen historischen Rang angemessen definieren?

Gelähmt und gefangen in einem durch Muskelschwund ausgezehrten Körper, sitzt Stephen Hawking als Opfer der Amyotrophen Lateralsklerose (ALS), aber bei vollem Bewusstsein und im Besitz ungetrübter kognitiver Fähigkeiten, in seinem elektrischen Rollstuhl und kann nur zwei Finger der linken Hand bewegen. Seine Gesichtsmuskulatur lässt noch die minimale Anspannung der Augen und des Mundes zu und bewahrt ihn dadurch vor der völligen kommunikativen Erstarrung. So ist sein zur Seite hängender Kopf mit dem breiten Lächeln zu seinem Markenzeichen geworden. Eine Narbe am Hals zeugt von einem Luftröhrenschnitt, der ihn mitten in der Arbeit zu *Eine kurze Geschichte der Zeit* vor den tödlichen Folgen einer Lungenentzündung bewahrte, ihm jedoch für immer die Stimme raubte. Der an seinem Rollstuhl befestigte Monitor ist die Schnittstelle zu einem Text- und Sprachgenerator, mit dessen Hilfe er Gespräche führt, seine Gedanken zur Veredelung des Menschen formuliert oder Artikel und Bücher über sein eigentliches Forschungsgebiet schreibt: über Schwarze Löcher und den Beginn der Zeit. Stephen Hawking war der erste Physiker, der sich fragte, ob es möglich sei, mit den Gleichungen der Allgemeinen Relativitätstheorie Albert Einsteins die Entstehung der Zeit zu ergründen. Ist sie ein stetig fließender, von Planeten und Galaxien ungestört durchs Universum rauschender Strom? Hat sie ein Ziel? Wird sie ewig dauern? Kann mit der Forschung über den Beginn der Zeit womöglich auch der Anfang und das Warum des Universums mathematisch geklärt werden?

Wann genau die Wehen einsetzten, ist nicht überliefert, aber um Punkt 18 Uhr mitteleuropäischer Zeit wurde sie entbunden. Es war der 22. Oktober. Ein Samstag im Jahre 4004 vor Christus: als Gott die Welt gebar. Dieses erstaunlich präzise Datum haben wir dem irischen Bischof James Ussher zu verdanken, einem der großen Universalgelehrten des 17. Jahrhunderts. Zwanzig Jahre seines Lebens widmete er der Forschung nach dem Alter der Erde, trieb unter abenteuerlichen Umständen im Vorderen Orient alte Bibeln auf, stieß auf neue Namen und Daten, addierte die Lebensspannen der biblischen Patriarchen, die als Nachkommen Adams galten. Und – siehe da – der Aufwand hatte sich gelohnt, denn das Ergebnis seiner Berechnungen fand Eingang in die offizielle Bibel der anglikanischen Kirche.

Entgegen der weit verbreiteten urreligiösen Auffassung, das Universum existiere seit ewigen Zeiten, vertrat die jüdische Religion den Standpunkt, Gott habe die Welt erschaffen und mit seiner Schöpfung auch einen Anfang der Zeit festgelegt. Diese Idee wurde vom Christentum übernommen und von dem berühmten Kirchenlehrer Augustinus im 5. Jahrhundert zum Dogma erhoben. Daraus ergab sich zwingend: Vor Adam und Eva konnte es keine Zeit gegeben haben. Seitdem aber floss sie unaufhaltsam auf den Jüngsten Tag zu, Gottes Gericht entgegen. Und es gab eine ganze Reihe kluger Menschen vor Bischof Ussher, die ehrgeizig genug waren, den Schöpfungstag der Erde – und damit gleichzeitig den Anfang des Universums – auf der Grundlage biblischer Daten zu berechnen. Dass sie dabei zu unterschiedlichen Resultaten kamen (Luther: 4000 v. Chr.; Kepler: 3992 v. Chr.), lag zum Teil an den unterschiedlichen Zahlen der hebräischen und griechischen Bibelversionen.

Isaac Newton, herausragende Gestalt in der Physik der Moderne und einer der Vorgänger Hawkings auf dem Lukasischen Lehrstuhl in Cambridge, veröffentlichte 1687 seine «Principia», fast genau 300 Jahre vor *Eine kurze Geschichte der Zeit.* Darin postulierte er eine absolute Gleichmäßigkeit der Zeit, die sich, unbeeinflusst durch die Ereignisse im Raum, auf ewig in Vergangenheit und Zukunft ausdehne. Was hätte wohl Augustinus zu diesem Konzept gesagt, dem zufolge sein Gott schon eine halbe Ewigkeit vor dem Schöpfungsakt untätig herumgesessen und auch die andere Hälfte zur freien Verfügung gehabt hätte, mal abgesehen von der kurzen Ablenkung, irgendwo auf der Strecke in Richtung zukünftiger Ewigkeit einer Verhandlung des Jüngsten Gerichts vorzusitzen?

Ungeachtet der weltanschaulichen Differenzen über den Ursprung der Zeit waren die Menschen immer schon bestrebt, sie zu messen, zum Beispiel indem sie damit anfingen, die Spanne zwischen Frühstück und Mittagessen anhand der Länge ihres Körperschattens zu bestimmen.

Während unsere Vorfahren in den Wäldern Germaniens die schweißtreibende Variante wählten und riesige Findlinge auf die spärlichen Lichtungen wälzten, um damit den Lauf der Sonne zu markieren, waren transmediterrane Tüftler in einer verlässlich sonnigen Umgebung vermutlich eher geneigt, die Beobachtungsdaten der Schattenlängen zu systematisieren und Sonnenuhren zu konstruieren, die weniger gravitätisch waren als im Norden. Diese schicken Hightech-Instrumente avancierten im Römischen Reich um Christi Geburt herum zu begehrten Prestige- und Lifestyleobjekten. Die ungezählten Versuche und Fehlschläge, zuverlässigere Zeitmessgeräte herzustellen, führten von einem ungemein erfolgreichen, mit Löchern versehenen Eimer, der vornehm Wasseruhr genannt wurde, über die Festlegung der richtigen Winkel für konische Sanduhrgläser und temperaturkompensierte Unruhfedern schließlich bis zum Bau einer Cäsiumatomuhr. Es dauerte also gut 2000 Jahre, bis das wetterabhängige Schattenspiel der Sonnenuhr von der Präzision eines kontrolliert zerfallenden Radionuklids abgelöst wurde. Die 1967 unter Aufbietung eines maliziös in zwei Häppchen tranchierten Fünffachgenitivs grandios gescheiterte Definition der wichtigsten Zeiteinheit lautet: «Die Sekunde ist das 9 192 631 770-fache der Periodendauer der dem Übergang zwischen den beiden Hyperfeinstrukturniveaus des Grundzustandes von Atomen des Nuklids ^{133}Cs entsprechenden Strahlung.» (2) Anders und etwas verständlicher gesagt: Ein Cäsiumatom schwingt innerhalb einer Sekunde mehr als 9 Milliarden Mal zwischen zwei möglichen Energiezuständen hin und her. Und da dieser Takt so zuverlässig messbar ist wie nichts anderes auf der Welt, wurde er ausgewählt, um die Dauer einer Sekunde zu repräsentieren.

Die parallel zu dieser Entwicklung verlaufende Suche nach einem natürlichen Chronometer, das das wahre Alter der

Materie und damit womöglich auch den Beginn der Zeit erschließen konnte, führte während der Aufklärung dazu, dass die Autorität heiliger Texte infrage gestellt wurde. Mit wissenschaftlicher Methodik wurden nun Erkenntnisse über die Natur gesammelt. Und schon bald wurde deutlich, dass die geologischen Zeitalter viel größer sein mussten, als Bischof Usshers Berechnungen je zugelassen hätten.

Als Henri Becquerel an der Schwelle zum 20. Jahrhundert die radioaktive Strahlung des Urans entdeckte, schätzte Lord Kelvin das Alter der Erde auf mittlerweile immerhin 20 bis 400 Millionen Jahre. Marie und Pierre Curie wühlten ohne Schutzvorrichtungen mit bloßen Händen in Pechblendenrückständen, extrahierten und purifizierten ihre «substantia nigra» vier Jahre lang, bis sie ein neues Element gefunden hatten, das sie Radium nannten und bedenkenlos mit der Post verschickten. An manchen Abenden betraten sie staunend ihr dunkles Labor und sahen ein schwaches magisches Leuchten an Flaschen, Schalen und Bottichen. Die Radioaktivität des Radiums war die Quelle der Leuchtkraft und wohl auch die Ursache der aplastischen Anämie, an der Marie Curie starb. «Noch hundert Jahre später gelten Marie Curies Labornotizbücher als so gefährlich, dass sie in bleiverkleideten Kisten aufbewahrt werden.» (Sac: 324)

Schließlich war es der in Cambridge arbeitende neuseeländische Physiker Ernest Rutherford, der 1905 ein Verfahren entwickelte, um mit Hilfe der Radioaktivität das genaue Alter von Gesteinen zu bestimmen. Hier war es endlich: das jahrhundertelang gesuchte natürliche Chronometer zur präzisen Erforschung des Erdgeburtstags. Gefunden in dem Jahr, in welchem Albert Einstein Newtons absolute Zeit anzweifelte und seine gewöhnungsbedürftigen Gedanken über relative Bewegungen und unterschiedlich tickende Uhren in einer vierdimensionalen Raumzeit zu Papier brachte. (▤ 31–35)

Schon bei den ersten groben Versuchen mit seiner radiometrischen Datierungsmethode konnte Rutherford das Alter eines norwegischen Steins auf 40 Millionen Jahre bestimmen. Vor dem Hintergrund dieser Entdeckungen ist es umso

Ernest Rutherford
(1871–1937). Foto um 1915

erstaunlicher, dass der 22. Oktober 4004 vor Christus als Geburtstag der Erde noch in den zwanziger Jahren des vergangenen Jahrhunderts in akademischen Kreisen ernsthaft diskutiert wurde. Noch musste fast ein halbes Jahrhundert vergehen, bis Rutherfords Idee so verfeinert war, dass dem Geochemiker Clair Patterson 1953 die historische Bestimmung des Erdalters durch die Messung des Uranzerfalls in einem Stein gelingen konnte. Allein die Entwicklung geeigneter Labortechniken und ausreichend sauberer Umstände für diesen entscheidenden Messvorgang hatte volle zwei Jahre Arbeit in Anspruch genommen. Dann aber stand das Ergebnis fest, das bis heute gültig ist: Die Erde ist 4,5 Milliarden Jahre alt. (MEt: 259–261)

Knabenregiment

Die Zeit ist ein Knabe, der spielt, hin und her
die Brettsteine setzt: Knabenregiment!
Heraklit

Zwischen August 1940 und dem Frühjahr 1941 flog die deutsche Luftwaffe schwere Angriffe auf Südengland und London, um die Lufthoheit für die geplante Invasion Englands zu gewinnen. Wer in diesen Schreckensmonaten in der Hauptstadt wohnte, konnte sich nicht mehr sicher fühlen. Auch Isobel Hawking hatte im Vorort Highgate Bekanntschaft mit der Zerstörungskraft der fliegenden Bomben gemacht, denn einmal explodierte eine in der Nähe des Hauses, in dem sie mit ihrem Mann Frank wohnte. Die Fenster zersprangen und die Glassplitter steckten wie Dolchspitzen in der gegenüberliegenden Wand. (SHW: 15) Zwar fielen während ihrer Schwangerschaft keine Bomben mehr, doch für sie und Frank stand fest, dass ihr erstes Kind im sicheren Oxford zur Welt kommen sollte. Denn es gab eine Absprache zwischen den kriegführenden Nationen, dass Oxford und Cambridge die Zerstörung erspart blieb, wenn die Royal Air Force im Gegenzug Göttingen und Heidelberg verschonte.

Isobel war mit ihren sechs Geschwistern in Glasgow aufgewachsen. Ihr Vater war Arzt und muss sehr fortschrittlich eingestellt gewesen sein, weil er seiner Tochter nicht ohne finanzielle Opfer ein Studium in Oxford ermöglichte. Denn in den 1930er Jahren waren Frauen an Universitäten noch längst keine Selbstverständlichkeit. Isobels Studienfächer waren Philosophie, Politik und Wirtschaftswissenschaften. Nach dem Studium arbeitete sie in Berufen, die ihr keinen Spaß machten, auch als Finanzbeamtin hielt sie es nur wenige Monate aus. Schließlich entschied sie sich dafür, als Sekretärin in einem medizinischen Forschungsinstitut zu arbeiten, auch wenn dies kaum ein Traumjob für eine Oxford-Absolventin sein konnte.

Wenn Isobels Familie schon nicht als wohlhabend galt, so wurde Stephens Vater Frank durch den materiellen Mangel in seinem Elternhaus in Yorkshire entscheidend geprägt. Es hieß, dass seine Eltern zu Beginn des 20. Jahrhunderts Bankrott gegangen waren, indessen reichten die Einnahmen offenbar aus, um Franks Studiengebühren zu bezahlen. Auch er ging nach Oxford, wie Jahre später seine zukünftige Frau. Frank studierte Medizin und spezialisierte sich auf Tropenkrankheiten. Bei Ausbruch des Zweiten Weltkriegs hielt er sich zu Forschungsarbeiten in Ostafrika auf und meldete sich als Freiwilliger zum Militärdienst. Die englischen Behörden aber schätzten seine Erfahrungen und Talente als Tropenmediziner höher ein und schickten ihn in das Forschungsinstitut, wo Isobel Briefe schrieb und Akten ordnete. (Bio: 15–17)

Eine Woche vor Stephens Geburt reiste Isobel Hawking allein nach Oxford. Sie verkürzte sich die Wartezeit im Krankenhaus mit der Lektüre eines astronomischen Atlasses, was viele Jahre später angesichts der Karriere ihres Sprösslings von einer ihrer Schwägerinnen als selbsterfüllende Prophezeiung interpretiert wurde.

Der 8. Januar 1942 ist nicht nur Stephen Hawkings Geburtstag, sondern auch der 300. Todestag Galileo Galileis. Dass Hawking diese Synchronizität später erwähnenswert fand, nährte die Vermutung von Kritikern, er sähe in dem Zu(sammen)fall der beiden Ereignisse eine sinnvolle Koinzidenz und betrachte sich selbst als Nachfolger des bedeutenden Wissenschaftlers. Diese Koketterie wurde ihm oft als Hybris ausgelegt. Auf seine Anhänger übt die Anekdote über die Koinzidenz von Geburts- und Todestag zweier großer Wissenschaftler eine gewisse Faszination aus, die zur Mythenbildung beiträgt. Wer sich hier amüsiert, liegt sicher richtig, wer aber an Schicksal und Vorbestimmung glaubt oder Hawking dergleichen unterstellt, ist selbst dafür verantwortlich. Vier Jahre nach der Veröffentlichung von *Eine kurze Geschichte der Zeit* kommentiert er selbst: *Ich schätze aber, dass noch ungefähr zweihunderttausend andere Kinder an diesem Tag geboren worden sind. Ich weiß nicht, ob sich eines von ihnen später für Astronomie interessierte.* (SHW: 16)

Isobel Hawking mit Stephen, 1942

Der kleine Stephen wuchs bis 1950 in einem Haus viktorianischen Stils auf, das seine Eltern während des Krieges im Londoner Akademikerviertel Highgate zu einem Schnäppchenpreis erworben hatten. Denn als die deutschen V2-Raketen ihre todverheißenden Parabeln am Himmel zwischen Usedom und London zogen, sanken die Immobilienpreise in London ins Bodenlose. Im zarten Alter von zweieinhalb Jahren sollte Stephen in einem Privatkindergarten seine ersten näheren Erfahrungen mit fremden Kindern sammeln, da seine gebildeten Eltern aus Büchern gelernt hatten, dass dies der rechte Zeitpunkt für soziale Kontakte sei. Doch der «Wizard Of Space» in spe brüllte am ersten Tag aus Leibeskräften, sodass Frank und Isobel ihn erst eineinhalb Jahre später wieder dort hinzuschicken wagten.

In der privaten Byron House School wurden andere Akzente gesetzt als in einer staatlichen Grundschule. Doch Stephen Hawking konnte von den als fortschrittlich geltenden Lernkonzepten offenbar nicht profitieren: *Ich weiß noch, dass ich mich bei meinen Eltern beklagte, man bringe mir dort nichts bei. Die Lehrer dieser Schule glaubten nicht an die damals üblichen Methoden, Kindern den Stoff einzutrichtern. Stattdessen sollten sie lesen lernen, ohne zu merken, dass es ihnen beigebracht wurde. Schließlich lernte ich doch lesen, aber erst, als ich bereits mein achtes Lebensjahr erreicht hatte.* (EiT: 13)

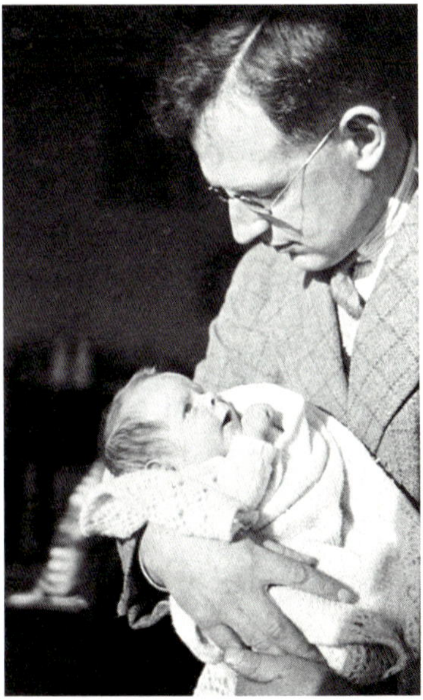

Frank Hawking mit Stephen, 1942

Trotzdem galt er bei Familienmitgliedern als außerordentlich mitteilungsfreudig und phantasievoll. Er erzählte gerne, und wenn manchmal die Begeisterung mit ihm durchging und seine Worte mit den Gedanken nicht mehr Schritt halten konnten, geriet er ins Stottern. Freunden der Familie waren Sprachstörungen vertraut, denn Stephens Vater Frank lispelte auffällig. Die wohlwollende Interpretation dieser Eigenarten lief darauf hinaus, dass man sie als Tribut der Sprache an die übermächtige Intelligenz von Vater und Sohn betrachtete. Andere wiederum amüsierten sich wenig respektvoll über das «Hawkinesisch» der beiden. (Bio: 19)

Die Geburt der eineinhalb Jahre jüngeren Schwester Mary stürzte Stephen anscheinend in beträchtliche primärnarzisstische Irritationen, ein Schicksal der Erstgeborenen. Die Spannungen zwischen Stephen und Mary setzten sich die ganze Kindheit hindurch fort. Erst im Erwachsenenalter besserte sich das Verhältnis zwischen den Geschwistern. Wesentlich freundlicher nahm Stephen im Alter von fünf Jahren die Geburt seiner zweiten Schwester Philippa auf. Mit ihr verstand er sich auf Anhieb blendend und hielt sie für klüger als sich selbst. Philippa galt als die Künstlerin unter den Geschwistern, während die beiden Älteren eher die naturwissenschaftlich Interessierten waren. Der adoptierte Edward wurde als Kleinkind in die Familie aufgenommen, als Stephen schon vierzehn war, sodass er in dessen Kindheit keine Rolle spielte. Er wurde

Die Geschwister Stephen, Philippa und Mary Hawking

später Bauunternehmer, während Mary, sehr zur Freude ihres Vaters, Medizin studierte und Ärztin wurde.

Frank Hawking war nach dem Krieg Leiter der Abteilung für Parasitologie am National Institute of Medical Research geworden. 1950 wurde das Forschungsinstitut in einem Neubau in Mill Hill untergebracht, einem Außenbezirk Londons. Da bot es sich an, in die Nähe zu ziehen. Deshalb kauften sich die Hawkings ein weiträumiges Haus in der Kleinstadt St. Albans. Auch für Stephen hatte dieser Umzug Vorteile. So war er seiner Lieblingscousine Sarah näher gekommen, die er nun häufiger im Nachbarort Harpenden besuchen konnte. Ihre Mutter war die Ärztin Janet Humphrey, Isobels Schwester.

Die Hawkings galten in dem kleinbürgerlichen Nest als exzentrisch. Für Stephens Schulkameraden eröffnete sich eine fremde Welt, wenn sie die satten Klänge von Wagneropern durchs Haus wabern hörten oder ein Familienmitglied beim Abendessen in ein Buch vertieft sahen. Auch Vater Franks eiserner Wille zur Sparsamkeit, der ihn dazu brachte, mit möglichst geringem Materialaufwand das stets renovierungsbedürftige Haus in Schuss zu halten, mochte zu diesem Eindruck beigetragen haben. Da mussten schon mal halbmorsche Latten genügen, um den wackligen Zaun zu stabilisieren. Eine Zentralheizung konnte man sich nicht leisten, ein neues Auto erst recht nicht, und über das billig erstandene Londoner Vorkriegstaxi, das in einer mit Stephens Hilfe selbst gezimmerten Wellblechgarage stand, tuschelten die Nachbarn hinter vorgehaltener Hand. (EiT: 18)

Die Arbeit an tropenmedizinischen Forschungsprojekten führte Frank Hawking regelmäßig jeden Winter für drei Monate nach Afrika, was in Schwester Mary den Eindruck hinterließ, «Väter seien wie Zugvögel. Zu Weihnachten waren sie da, und dann verschwanden sie, bis es wärmer wurde» (SHW: 27). Die Abwesenheit des Vaters wurde von den Kindern als selbstverständlich hingenommen, sodass sie eher geneigt waren, die winterliche Präsenz von Vätern in anderen Familien für eine Abweichung von der gesellschaftlichen Norm zu halten.

Als die Entscheidung näher rückte, welche weiterführende Schule der älteste Sohn besuchen sollte, kam für Frank Hawking nur eine Privatschule infrage. Ohne Mühe bestand Stephen die Aufnahmeprüfung für die St. Albans School. Doch fiel er dort zunächst keineswegs durch überdurchschnittliche Leistungen auf. Mutter Isobel machte sich sogar Sorgen, weil er anfangs auf einem der letzten Ränge seines Jahrgangs festklebte. Seine Intelligenz schien normal entwickelt zu sein, doch sein Ehrgeiz ließ offenbar sehr zu wünschen übrig. Wegen seiner miserablen Handschrift musste er regelmäßig ein Schönschreibheft führen. Ein ehemaliger Mitschüler erinnert sich (SHW: 35 f.), dass Stephen zu denen gehörte, die unter der Dusche gepiesackt und als Letzte in die Fußballmannschaften gewählt wurden, was ihm aber nicht viel auszumachen schien, da er sich stets als Kumpel erwies, der sich auch so zu amüsieren wusste. Seine Zukunftsaussichten wurden kontrovers diskutiert. Zwei seiner Freunde schlossen eine Wette um eine Tüte Bonbons ab, dass nie etwas aus ihm werden würde. Hawkings Kommentar, kurz nach der Veröffentlichung von *Eine kurze Geschichte der Zeit: Ich weiß nicht, ob diese Wette je entschieden wurde, und wenn, wer sie gewonnen hat.* (EiT: 20)

Doch Frank Hawking wollte höher hinaus und seinem Sohn unter allen Umständen den Besuch einer renommierteren Privatschule ermöglichen. Deshalb hatte er bereits die Westminster School ins Auge gefasst, die zu den besten im Land gehörte. Um allerdings die hohen Schulgebühren aufbringen zu können, brauchte Stephen unbedingt ein Stipendium. Als der Tag der Stipendienprüfung kam, lag er krank im Bett, und das Thema Westminster School hatte sich damit erledigt.

Im Rückblick erwies sich die St. Albans School für die Ansprüche des Vaters und die Zufriedenheit des Sohnes als eine sehr gute Wahl. Im dritten Schuljahr stieß der stets etwas linkisch wirkende Pennäler endlich in den Elitekreis der klügsten Schüler vor und bekam von seinen Kameraden den Spitznamen «Einstein» verpasst. Ein engagierter junger Lehrer namens Finley wusste die pubertierenden Jungen mit Tonband-

Das Haus der Hawkings in St. Albans

aufnahmen von Radiosendungen zu begeistern und würzte seine Diskussionskurse mit fortschrittlichen Themen wie nukleare Abrüstung und Geburtenkontrolle.

Stephen hatte inzwischen eine Gruppe von Freunden um sich versammelt, mit denen er sich regelmäßig traf. Man plauderte altklug über Guy de Maupassant, diskutierte über die brandheißen Romane von Aldous Huxley und William Golding und lauschte gemeinsam den Klassikprogrammen der BBC. In der zweiten Hälfte der fünfziger Jahre, der Rock 'n' Roll war längst auch in England etabliert, berauschten sie sich an Wiener Klassik. Zwischen gemeinsam erledigten Hausaufgaben und dem Basteln mehr oder weniger aerodynamischer Flugzeugmodelle kreisten die Gespräche um religiöse Fragen und den Sinn des Lebens.

Ein besonderes Faible entwickelte Stephen für Brettspiele. Das handelsübliche Monopolyspiel mit Schwester Mary wurde dem Zwölfjährigen schnell zu langweilig. Um es komplizierter zu machen, zeichnete er neue Linien auf das Brett und erfand zusätzliche Regeln. (SHW: 40) Doch was war ein ödes Monopolybrett im Vergleich zu einem selbst entworfenen Spielfeld auf Karton mit viertausend Quadraten, auf denen man ganze Armeen in den Krieg ziehen lassen konnte! Stephen entwarf immer weiter ausufernde Spiele und stellte hoch komplexe Regeln für ganze Fabriken und die dazugehörigen Aktienmärkte auf. «Dynasty» taufte er ein Ritterspiel, bei dem jeder Spieler eine eigene Dynastie mit Stammbaum repräsentierte. Mary hasste es, weil es nie beendet werden konnte, während Stephen es mit Inbrunst und heiligem Ernst zelebrierte. Manche dieser Spiele, für die er seine besten Freunde begeistern konnte, zogen sich über fünf bis sechs Stunden oder gar über eine ganze Woche hin. Seine eigene Motivation lag in der Herausforderung, die Dinge und Zusammenhänge wirklich zu verstehen.

Den Sportunterricht und die Rugbypflichtspiele am Samstagnachmittag ertrug der klein gewachsene Stephen mit stoischer Geduld, doch die vormilitärische Ausbildung, die in fast allen englischen Privatschulen auf dem Lehrplan stand, hasste er. Wer sich indessen weigerte, bei Eis und Schnee, Regen und Hitze uniformiert am Boden zu robben und auf dem Exerzierplatz den Befehlston hoch motivierter Mitschüler zu ertragen, wurde dazu gezwungen, durch schwere körperliche Arbeit die Vorliebe des Direktors für das klassische Altertum zu befriedigen und am Bau eines griechischen Theaters auf dem Schulgelände mitzuwirken. Stephen entschied sich gegen Spitzhacke und Schaufel und trat als «Gefreiter» bei den Fernmeldern an, wo sich seit jeher die sportlichen Versager und die Cracks in den naturwissenschaftlichen Fächern versammelten.

Als Vierzehnjähriger geriet er in Konflikt mit seinem Vater, weil er sich für die verbleibenden beiden Schuljahre, die auf ein entsprechendes Studium vorbereiteten, auf Mathematik und Physik konzentrieren wollte. Inzwischen war auch seinem Mathematiklehrer aufgefallen, dass er zu hervorragenden Leistungen in diesem Fach fähig war, ohne allzu viel dafür tun zu müssen. Frank aber wollte seinen Sprössling als künftigen Medizinstudenten sehen und versuchte daher, dessen Entscheidung zugunsten der Biologie zu beeinflussen. Doch Stephen ließ sich nicht umstimmen. Für ihn war es auch eine Frage des intellektuellen Ranges, denn so viel wusste er mit Sicherheit: Die intelligentesten Jungen wählten Mathematik und Physik. Biologie war ihm zu deskriptiv und nicht fundamental genug. Nach hitzigen Debatten lief der Kompromiss zwischen Vater und Sohn darauf hinaus, dass Stephen im letzten Schuljahr einen zusätzlichen Chemiekurs belegte, der ihn noch im Bannkreis der Medizin festhielt. So wurde die Frage nach dem endgültigen Studienfach auf das nächste Jahr vertagt.

Ein Blick zurück in die Zeit

Frank Hawking besaß ein Fernrohr, das alle Familienmitglieder gerne benutzten, um die Sterne zu betrachten. Bei Stephen aber waren im Alter von vierzehn oder fünfzehn Jahren auch die ersten Anzeichen einer rein intellektuellen Auseinandersetzung mit astronomischen Themen erkennbar. In der Schule hatte er von Edwin Hubbles Entdeckung Ende der 1920er Jahre erfahren, dass das Licht einer Galaxie umso stärker in den roten Bereich des Spektrums verschoben wird, je weiter sie vom Beobachter entfernt ist. Diese so genannte Rotverschiebung war demnach das Maß für die Distanz einer Galaxie vom Standort der Messung. Galaxien haben sich aus Gaswolken entwickelt und bestehen aus Milliarden von Sternen, Staub und Gas. Diese fernen Materieinseln treiben aber nicht etwa ziellos im leeren Raum dahin. Die Rotverschiebung zeigt, dass sie sich systematisch von uns Beobachtern hier auf der Erde fortbewegen – und zwar umso schneller, je weiter sie bereits von uns entfernt sind. Die Zunahme der Geschwindigkeiten deutete darauf hin, dass das Universum sich ausdehnte. Eine atemberaubende Erkenntnis mit unabsehbaren Folgen für Wissenschaft, Religion und Philosophie. Doch der Teenager Stephen Hawking zeigte – wie bei seinen Monopoly-Derivaten – erstaunlich früh einen Hang zur eigenwilligen Gestaltung und Interpretation von Beobachtungsdaten: *Aber ich war mir sicher, es müsse irgendeinen anderen Grund für die Rotverschiebung geben. Vielleicht ermüdete das Licht auf dem Weg zu uns und wurde röter. Ein im Wesentlichen statisches Weltall von ewiger Dauer erschien mir viel natürlicher.* (EiT: 21)

Wie war es zu Edwin Hubbles Jahrhundertentdeckung gekommen? Bereits 1676 hatte der dänische Astronom Ole Rømer festgestellt, dass das Licht keineswegs unendlich schnell den Weltraum durchquerte. Heute scheint uns diese Tatsache selbstverständlich zu sein, doch bis zu Rømers Zeiten hatten die Astronomen angenommen, das Licht eines Sterns träfe im selben Augenblick auf ihre Netzhaut, in dem er das Licht aussandte. In Wirklichkeit aber musste das Licht dieses Ereignisses erst viele Jahre aus den Tiefen des Alls heraus bis zur Erde reisen. Das aber bedeutete im Umkehrschluss: Je tiefer man ins Weltall hinausblickte, desto weiter schaute man zurück in die Vergangenheit des Universums.

Was hatte der Däne gesehen, dass er mit seiner Erkenntnis auf ein revolutionär neues Chronometer für kosmische Dimensionen gestoßen war? Für einen Umlauf um die Sonne braucht die Erde weniger Zeit als der weiter entfernte Jupiter. Rømer erkannte die Umlaufgeschwindigkeit des Jupitermondes Io als verlässliches Uhrwerk, mit dessen Hilfe er jederzeit Ios Standort bestimmen konnte. Und doch schwankte Ios Laufpräzision im Jahresrhythmus auf verdächtige Weise. Im Januar schien Io der erwarteten Umlaufbahn voraus zu sein, im Juli dagegen trödelte der Mond hinterher. Rømers Auflösung ist so einfach wie genial: Schuld war das Licht, das im Januar, wenn die Erde dem fünften Planeten so nah wie möglich rückte, weniger Zeit benötigte, um von Io zu Rømers Teleskop zu gelangen, als im Juli, dem Zeitpunkt der größten Entfernung der beiden Welten. Als Rømer nun die «Winterzeit» des Io-Lichtes von dessen «Sommerzeit» abzog, konnte er erstmals die Geschwindigkeit des Lichts annähernd bestimmen, da diese Strecke bereits mit der für damalige Verhältnisse optimalen Genauigkeit gemessen worden war. So kam er auf 224 000 Kilometer pro Sekunde. (IGZ: 29)

Im Laufe des 18. Jahrhunderts wurden die Berechnungen präziser. Fachleute und Laien mussten erst einmal begreifen, dass sie mit dem Fernrohr, aber auch schon mit bloßem Auge zurück in die Zeit blicken konnten. Das Licht braucht vom Mond eineinhalb Sekunden zur Erde, vom Neptun immerhin schon vier Stunden. Wenn Sie selbst in diesem Augenblick in die Sonne schauen, sehen Sie das Licht, das sie einige Zeit zuvor abgestrahlt hat. Würde unser Zentralgestirn in diesem Augenblick explodieren, könnten Sie also in aller Ruhe noch acht Minuten und zwölf Sekunden weiterlesen, bevor Sie das grandioseste Feuerwerk aller Zeiten erlebten.

Die Astronomen mussten jetzt «nur noch» eine verlässliche Methode finden, um die Distanz zu den am weitesten entfernten sichtbaren Sternen zu messen. Denn wenn sie wüssten, in welcher Zeit das Licht der Himmelskörper zur Erde gelangt war, hätten sie en passant auch noch das Mindestalter des Universums herausgefunden.

Der deutschstämmige Astronom William Herschel hatte 1813 eine gute Idee, die aber leider auf den falschen Voraussetzungen aufbaute. Da mit zunehmender Distanz auch das Licht der Sterne blasser wurde, war er davon überzeugt, die Entfernungen zwischen den Sternen anhand der Abnahme ihrer Helligkeit messen oder zumindest gut schätzen zu können. Allerdings fanden die Forscher bald heraus, dass nicht alle Sterne die gleichen Eigenschaften hatten. Manche strahlten unglaublich viel heller als andere, sodass eine Entfernungsmessung, die allein das Kriterium der Helligkeit in Betracht zog, zum Scheitern verurteilt war.

Es sollte noch hundert Jahre dauern, bis die Wissenschaftlerin Henrietta Leavitt einen Sternentyp fand, dessen absolute Helligkeit sie aus bestimmten Eigenschaften ableiten konnte. Leavitt wertete im Observatorium der Harvard University Aufnahmen von der Kleinen Magellanschen Wolke aus. Dabei entdeckte sie so genannte Cepheide, das sind Sterne mit besonders hoher Leuchtkraft. Die Cepheiden durchlaufen zuverlässig berechenbare Perioden zwischen aufeinander folgenden Helligkeitsmaxima. Mit bewundernswerter Geduld und einem Gespür für das Besondere stellte Leavitt eine konstante mathematische Beziehung zwischen Periode und Helligkeit fest. Die Leuchtkraft der Cepheiden nimmt nämlich mit wachsender Periode zu. «Sind zwei Cepheiden am Himmel in ihrem Maximum gleich hell, so ist derjenige mit der längeren Periode weiter entfernt als der mit der kürzeren. Auf diese Art und Weise können wir also nur durch die Messung einer Periodenlänge Entfernungen im Universum bestimmen.» (💻 3)

Oder anders formuliert: Alle Cepheiden mit derselben Periodenlänge haben die gleiche Leuchtkraft. Wenn einer von ihnen schwächer erscheint, dann liegt es daran, dass er weiter entfernt ist. Henrietta Leavitt hatte also die Leuchtkraft der Cepheiden als ein universelles kosmisches Messinstrument entdeckt, mit dem die Astronomen nun endlich über die Grenzen des eigenen galaktischen Territoriums hinaus die Entfernungen zwischen Sternen präziser messen und damit dem wahren Alter des Universums näher kommen konnten.

In den 1920er Jahren forschte Edwin Hubble, der eine Karriere als Schwergewichtsboxer zugunsten der Astronomie aufgegeben hatte, an der Mount-Wilson-Sternwarte, 2000 Meter über der kalifornischen Stadt Santa Barbara an der Pazifikküste. Vor ihm lagen 4000 Meilen Ozean. Das bedeutete staubfreie Luft ohne Turbulenzen über einem 30 Zentimeter starken und fünf Tonnen schweren Parabolspiegel aus massivem Glas mit einem Durchmesser von zweieinhalb Metern. Allein das Schleifen des Spiegels hatte fünf Jahre in Anspruch genommen. Das darüber aufgehängte Teleskop wog über hundert Tonnen und konnte dank eines raffinierten Mechanismus mit einer einzigen Hand bewegt werden. Mit diesem Hightech-Instrument fand Edwin Hubble den Schlüssel zum Universum.

1923 war die Frage nämlich noch offen, ob die Milchstraße das gesamte Universum darstellte oder ob es nicht viele Tausende, wenn nicht gar Millionen von Galaxien gäbe. In einer Oktobernacht dieses Jahres stieß Hubble auf Cepheiden im Andromedanebel und konnte mit Hilfe der bekannten Beziehung zwischen Helligkeit und Entfernung nachweisen, dass Andromeda nicht in der Milchstraße lag, sondern eine selbständige Galaxie ist, eine Million Lichtjahre von unserer Heimatgalaxie entfernt. Weitere Cepheidenfunde in anderen Spiralnebeln folgten und ließen die Zahl der Galaxien im Universum steigen. Ein Jahr später war Hubble davon überzeugt, dass es Milliarden von Galaxien geben müsse. Doch wenn manche Sterne viele Millionen Lichtjahre entfernt waren, dann musste das Universum nicht nur enorm groß, sondern auch unermesslich viel älter sein, als man bisher für möglich gehalten hatte. (MEt: 222)

Zehn Jahre zuvor hatte der Astronom Vesto Slipher herausgefunden, dass die Nebel mit erstaunlichem Tempo durchs Weltall jagen. Er hatte dies mit einer Methode entdeckt, die

Die Milchstraße

man Spektroskopie nennt. Entfernt sich ein Objekt von einem Beobachter, verlängert sich die Wellenlänge seines Lichts. Sie verschiebt sich dann in den roten Bereich des sichtbaren Spektrums. Kommt umgekehrt ein Licht aussendendes Objekt auf den Beobachter zu, erscheint dessen Licht blauer als üblich. Wenn nun das Licht einer Galaxie durch das Prisma eines Spektroskops geleitet wird, kann man daraus auch indirekt die Veränderung der Wellenlänge ableiten und die Geschwindigkeit erhalten, mit der sich die Galaxie bewegt. Sliphers Spektralanalysen ergaben, dass sich die Spiralnebel mit Spitzengeschwindigkeiten bis zu 1100 Kilometer pro Sekunde von der Erde fortbewegten.

Niemand hatte eine Ahnung, was die Ursache dafür sein konnte, bis Edwin Hubble die Untersuchung der Beziehung zwischen Entfernung und Rotverschiebung zur Chefsache machte. Gemeinsam mit seinem vielseitigen Assistenten Milton Humason, der sich sogar schon als Eseltreiber bewährt hatte – die Tiere schleppten Bauteile für das Teleskop auf den Berg – und sich schließlich als exzellenter Cepheidenjäger erwies, machte er sich an die Arbeit. Im Winter durfte die Observatoriumskuppel nicht geheizt werden, da sonst die Turbulenzen in der Luft die Sicht verdorben hätten. Also zitterten sich die beiden Männer durch die kalte Jahreszeit und legten im Januar 1929 Spektren und Entfernungen für 24 Galaxien vor. Darunter war auch der Virgohaufen, schätzungsweise 6,5 Millionen Lichtjahre entfernt. «Alle weit entfernten Galaxien wiesen Rotverschiebungen auf und bewegten sich mit zunehmender Geschwindigkeit von der Milchstraße fort. Als Hubble Geschwindigkeit und Entfernung jeder Galaxie in ein Diagramm einzeichnete, erhielt er eine gerade Linie. Ein bemerkenswertes Ergebnis. Eine Galaxie, die doppelt so weit entfernt war wie eine andere, schien auch zweimal so schnell unterwegs zu sein, während bei dreifacher Entfernung sich auch das Tempo verdreifachte …» (MEt: 230)

Für Hubble und Humason hatte sich das Frieren auf dem Berg gelohnt. Mit ihren Erkenntnissen hatten sie die Vorstellung von einem statischen, ewigen Universum gekippt. Wie tief diese Idee unter den Kosmologen verwurzelt war, zeigt der Fall Albert Einstein. Der war von der zeitlichen Unveränderlichkeit des Universums so überzeugt, dass er sogar Hand an seine gefeierte Allgemeine Relativitätstheorie legte. Erst mit Hilfe eines kleinen, nachträglich eingeführten Zusatzgliedes (▤ 74) war es dem Meister gelungen, innerhalb seiner Theorie ein stati-

Edwin Hubble (1889 – 1953) entdeckte die Expansion des Universums.

sches Universum zu modellieren. Mit Hubbles Entdeckung war Einsteins Modell vom Tisch. Die Allgemeine Relativitätstheorie war deshalb aber nicht falsch. Im Gegenteil, es zeigte sich, dass ein expandierendes Universum sich als natürliche Konsequenz aus der Theorie ergibt. Entsprechende Lösungen hatten ein russischer Mathematiker und ein belgischer Priester-Astronom bereits gefunden. Alexander Friedmann und Georges Lemaître hatten die Einstein'schen Feldgleichungen auf ihre Weise korrekt gelöst und ein expandierendes Universum als Ergebnis erhalten. Und das war die Ursache für Hubbles Rotverschiebungen. Mit einem enorm wichtigen Unterschied: Es waren nicht die Galaxien, die durchs All rasten, sondern es war der Raum selbst, der sich ausdehnte. (📖 EHu)

Hubble und Humason hatten eine Jahrhundertentdeckung gemacht. Ein expandierendes Universum konnte nicht ewig gleich geblieben sein, sondern musste eine Evolution durchlaufen haben, eine Geschichte, deren Zeitspanne man genauer würde messen können. Denn nun wusste man ja, wie schnell die Galaxien sich voneinander fortbewegten. Vorausgesetzt, die Expansionsrate war immer gleich geblieben, konnte das Universum höchstens 2 Milliarden Jahre alt sein. Aber die Geologen, die mit der radiometrischen Datierungsmethode von Ernest Rutherford arbeiteten (▤ 12 f.), schätzten zu Beginn der 1930er Jahre das Alter der Erde bereits auf drei bis vier Milliarden Jahre. Und das Universum konnte ja wohl kaum halb so alt sein wie die Erde.

Alles ist relativ

Die Lichtgeschwindigkeit spielt eine entscheidende Rolle bei der Suche nach den Maßstäben von Zeit und Raum. Denn wie wir gerade gesehen haben, können wir die Größe des Universums und den Anfang der Zeit bestimmen, indem wir die Spanne messen, die das Licht benötigt, um von fernen Sternen zu uns zu gelangen. Dazu müssen wir aber wissen, wie schnell genau das Licht nun eigentlich ist. Die erste Schätzung legte im 17. Jahrhundert Ole Rømer vor, als er «Januarzeit» und «Julizeit» des Lichts vom Jupitermond Io miteinander verglich und wusste, dass die Differenz genau der um dem Durchmesser der Erdumlaufbahn verlängerten Laufstrecke des Lichts entsprach. So kam er auf 224 000 Kilometer pro Sekunde. (4)

Als James Clerk Maxwell in den 70er Jahren des 19. Jahrhunderts elektrische und magnetische Wechselwirkungen untersuchte, stellte er fest, dass seine Gleichungen eine ganz besondere Art von Lösungen zuließen: elektromagnetische Wellen, die sich mit knapp 300 000 Kilometer pro Sekunde im Raum ausbreiteten. Damit entspricht ihre Ausbreitungsgeschwindigkeit aber gerade der Lichtgeschwindigkeit. Also, schloss Maxwell, mussten seine Wellen so etwas wie Licht sein. Inzwischen wissen wir, dass es noch andere elektromagnetische Wellen als die des sichtbaren Lichts gibt. Ultraviolettes Licht sowie Röntgen- und Gammastrahlen können wir nicht mit den Sinnen wahrnehmen, ihre Effekte aber sehr wohl mit speziellen Detektoren nachweisen. Ihre Wellen sind kürzer als die des Lichts, während Mikrowellen und Radiowellen länger sind. Alle diese Wellen breiten sich mit knapp 300 000 Sekundenkilometern aus. Sonnenlicht ist nicht rein, sondern ein Farbengemisch. Wie Isaac Newton in einem der berühmtesten Versuche der modernen Naturwissenschaft zeigte, lässt sich das Licht in die verschiedenen Farben des Spektrums aufteilen. Rotes Licht und blaues Licht sind insofern rein zu nennen, als sie nicht weiter zerlegbar sind. Im Jahr 1887 führten der amerikanische Physiker Albert Michelson und sein Landsmann, der Chemiker Edward Morley, ein Experiment durch, das alle bisher gehegten Vorstellungen über relative Bewegungen und Geschwindigkeiten über den Haufen werfen sollte. Sie konstruierten einen Apparat, mit dem sich ein Lichtstrahl aufteilen und je zur Hälfte nach Norden und Osten schicken ließ. Über zwei Spiegel wurde er dann wieder in die Versuchsanordnung zurückgeholt. Ihre Überlegung: Der Apparat bewegt sich mit der Erde auf deren Umlaufbahn um die Sonne, also mit 30 Kilometer pro Sekunde, durch den Raum. Das Licht ist 300 000 km/s schnell. Der parallel zur Erdbewegung reisende Strahl müsste also länger brauchen als das senkrecht zur Erde verlaufende Licht. Allerdings ergab sich aus den Messungen von Michelson und Morley, dass die Bahngeschwindigkeit der Erde keineswegs die Ausbreitung des Lichts beeinflusste. Vielmehr schien das Licht stets mit der gleichen Geschwindigkeit voranzukommen, ganz gleich, in welche Richtung es sich ausbreitete oder wie schnell sich die Lichtquelle bewegte. (Nus: 14–16) Aber welche Konsequenzen hatte diese erstaunliche Entdeckung für die klassische Auffassung vom absoluten Raum und der universellen Zeit?

In den ersten Jahren des 20. Jahrhunderts war ein junger Staatsbeamter im Berner Patentamt neben seiner Routinearbeit noch Lehrstuhlinhaber der kompaktesten und produktivsten physikalischen Fakultät der Welt. Sie bestand aus der obersten Schublade seines Schreibtisches, in der er seine Entwürfe für wissenschaftliche Aufsätze deponierte. Im Sommer 1905 veröffentlichte er eine dieser Arbeiten. Sie sollte eine Revolution in der Physik auslösen. Die Konstanz der Lichtgeschwindigkeit für unterschiedlich schnell bewegte Beobachter machte nur Sinn, so schrieb Albert Einstein, wenn man auf das Newton'sche Konzept der absoluten Zeit verzichtete. Jeder Mensch habe seine individuelle Zeit, sodass zwei unterschiedlich schnell sich bewegende Beobachter nicht dieselbe Distanz zwischen zwei Punkten messen werden.

Für einen Physikstudenten in Cambridge etwa, der unentschlossen über den Universitätscampus schlendert und nur noch den kühlen Luftzug von Stephen Hawkings elektrischem Rollstuhl an seinem Arm bemerkt, hat der zu seinem Seminar eilende Physikprofessor in den nächsten drei Sekunden zehn Meter zurückgelegt, während er selbst nur drei Schritte vorangekommen ist. Für einen Beobachter dieses Vorgangs, der mit dem neuesten Taschenteleskop auf dem hypothetischen Planeten «Quantumjazz» in einer Nachbargalaxie der Milchstraße steht, hat der mobile Hawking aber womöglich das Äquivalent der Strecke Paris–Peking bewältigt, weil sich im Bezugssystem des «Quantumjazz»-Bewohners in diesen drei Sekunden ja auch noch die Erde um die Sonne und die Sonne um die Milchstraße und die Milchstraße um das außergalaktische Sonnensystem des Planeten «Quantumjazz» gedreht hat und alle zusammen dabei insgesamt eine Strecke zurückgelegt haben, die der Entfernung zwischen der französischen und chinesischen Hauptstadt entspricht. Wer aber andere Entfernungen misst, kommt auch zu anderen Zeitresultaten, vorausgesetzt, man ist sich grundsätzlich über die Lichtgeschwindigkeit einig. Alle anderen Geschwindigkeiten sind relativ und alle Bezugssysteme gleichberechtigt.

Wir Menschen bewegen uns im Raumschiff Erde mit einer Geschwindigkeit von 30 Kilometer pro Sekunde durch den Raum und um die Sonne. Da diese Bewegung konstant ist, dürfen wir uns nach Einsteins Theorie näherungsweise als ruhend betrachten. Deshalb gehorchen alle in Bewegung befindlichen Objekte in unserem speziellen Bezugssystem den Newton'schen Gesetzen, und die Lichtgeschwindigkeit «c» über- oder unterschreitet niemals ihren Wert von knapp 300 000 km/s.

Allerdings ist auch «jeder, der sich mit konstanter Geschwindigkeit zu [uns] […] bewegt, ebenfalls zu der Aussage berechtigt, er befinde sich im Ruhezustand. Alle Objekte in seinem Labor gehorchen, wie er feststellen wird, den Newton'schen Gesetzen, während Messungen der Lichtgeschwindigkeit stets den Wert von c ergeben […].» (Bio: 41)

Nichts im Universum ist schneller als das Licht, und jede andere Bewegung ist relativ. Das ist die erste Aussage der Speziellen Relativitätstheorie. Selbst bei technisch überlegenen Zivilisationen wäre das Scheinwerferlicht eines mit 3600 Sekundenkilometern auf den Cambridger Campus zurasenden «Quantumjazz-Ufos» nicht etwa 303 600 Sekundenkilometer schnell, sondern kommt nie über knapp 300 000 km/s hinaus.

Der quadrierte Wert der Lichtgeschwindigkeit c ist auch Bestandteil von $E = mc^2$, der wohl berühmtesten Formel der Welt. Sie ist die unmittelbare Schlussfolgerung aus der Speziellen Relativitätstheorie und der Schlüssel zum Atomzeitalter. Dabei steht E für Energie, m für Masse und c für die Lichtgeschwindigkeit. Und das bedeutet: Eine geringe Masse lässt sich in enorme Energiemengen verwandeln. Der Faktor c ist mit seinen 300 000 Kilometer pro Sekunde für sich allein genommen schon eine imposante Größe. Aber in dieser speziellen Gleichung ist die Lichtgeschwindigkeit sogar noch mit sich selbst multipliziert. Dieser ungeheure Wert gewinnt in der Konstellation mit Masse und Energie noch an Brisanz. Bei geeignetem Ausgangsmaterial und zündendem Arrangement war auf kleinstem Raum eine unvorstellbare Raserei zu erwarten, eine fatale Entfesselung von Kräften. Ihre unmittelbare praktische Anwendung durch die Atombombe bestätigte 1945 Einsteins Formel. Tatsächlich konnte eine grapefruitgroße Menge Plutonium eine bis dahin unvorstellbare zerstörerische Energie freisetzen.

In den Teilchenbeschleunigern des Europäischen Kernforschungszentrums CERN bei Genf wird Albert Einsteins berühmte Formel $E = mc^2$ täglich neu bestätigt. Mit annähernder Lichtgeschwindigkeit «c» sausen die Teilchen aufeinander zu, wobei ihre Masse stetig anwächst.
Beim Zusammenprall wird schließlich aus der Bewegungsenergie «E» neue Materie «m» erzeugt.

Erkennt man die Konstanz der Lichtgeschwindigkeit an, muss man aber auch seltsame relativistische Effekte in Kauf nehmen. Dramatisch langsamer gehende Uhren und die Zunahme der Masse von bewegten Objekten treten jedoch erst dann auf, wenn sie mindestens zehn Prozent der Lichtgeschwindigkeit erreicht haben. Dann allerdings sagt die Spe-

Albert Einstein als Beamter in Bern

zielle Relativitätstheorie voraus, dass sich Objekte in Richtung ihrer Bewegung zusammenziehen und von einem ruhenden Beobachter als kürzer gemessen werden.

Dass Uhren bei zunehmender Geschwindigkeit minimal langsamer laufen, ist in den letzten Jahrzehnten immer wieder bewiesen worden, indem äußerst genaue Cäsiumatomuhren an Bord von Flugzeugen gebracht und mit Uhren auf der Erde verglichen wurden. (💻 5) Dieses eindeutige Messergebnis hat aber schockierende Konsequenzen, denn je näher ein Raumschiff der Lichtgeschwindigkeit käme, umso zäher würde die Zeit für einen Beobachter von außen fließen. Theoretisch müssten die Uhren also stehen bleiben, wenn man die Lichtgeschwindigkeit erreichte. Und wenn man sie überschritte? Könnte man dann in der Zeit zurückgehen? Wären Zeitreisen möglich? (▤ 143–145)

Die Spezielle Relativitätstheorie beschreibt also im Wesentlichen die Hochgeschwindigkeitsphysik elektromagnetischer Strahlung in Verbindung mit den Newton'schen Bewegungsgleichungen. Eine weitere umwälzende Erneuerung des physikalischen Weltbildes ergab sich aus der Frage, warum als einzige Konstante, auf die sich alle konstant bewegten Beobachter in einem relativ gewordenen Universum einigen können, ausgerechnet die Lichtgeschwindigkeit übrig blieb. Diese Größe musste eine überragende Bedeutung haben, die bisher noch nicht erkannt worden war. Nun stellt ja eine Geschwindigkeitsangabe beispielsweise mit Kilometer- und Sekundenwerten eine definitive Beziehung zwischen Raum und Zeit her. Die Lichtgeschwindigkeit ist deshalb hervorragend geeignet, Entfernungen im Raum mit Abständen in der Zeit zu vergleichen. Also arbeitete Einstein die Spezielle Relativitätstheorie als ein System von Gleichungen aus, das Längen- und Zeitmessungen zusammenfasste. Er machte ein für alle Mal Schluss mit der universellen Zeit Newtons und verknüpfte sie mit den drei Dimensionen des Raumes zum vierdimensionalen Raumzeitkontinuum. Inzwischen sind die Physiker so weit, dass sie die Zeit präziser messen können als Entfernungen im Raum. Deshalb wird als neue Längeneinheit die Lichtsekunde verwendet, weil dann ausnahmslos alle Beobachter im Universum, auch in den unterschiedlichsten Bezugssystemen und selbst auf dem Planeten «Quantumjazz», zu den gleichen Messergebnissen kommen werden. Die Lichtsekunde ist die Entfernung, die das Licht in einer Sekunde zurücklegt. Sie beträgt knapp 299 793 Kilometer.

Einsteins Essay von 1905, in dem er den Bruch mit dem Newton'schen Universum vollzog, war jedoch erst der Startschuss zu einer einzigartigen wissenschaftlichen Karriere. (🕮 Eam) Die Lichtgeschwindigkeit als Vermittlerin zwischen Raum und Zeit hatte zu dem gewöhnungsbedürftigen Konzept der Raumzeit geführt. In diesem mutigen Schritt zu einem vierdimensionalen Universum schlummerte aber bereits das Potenzial für eine völlig neue Theorie der Schwerkraft, zu deren Ausarbeitung Einstein noch einmal zehn Jahre benötigte.

Auf wessen Schultern stand Einstein, als er die Schwerkraft neu interpretierte? Es war kein Geringerer als Isaac Newton selbst. Aristoteles war 2500 Jahre zuvor zwar davon überzeugt gewesen, dass der vom Baum zur Erde fallende Apfel – wie alle Dinge auf Erden – der Schwerkraft unterliege, war jedoch nicht auf die Idee gekommen, dass die Planeten womöglich von derselben Kraft auf ihren Bahnen gehalten werden. Erst Isaac Newton lüftete anscheinend das Geheimnis: Alle Dinge ziehen sich an. Jedes Teilchen im Universum spürt die Schwerkraft. So möchte der Mond wohl gern auf einer geraden Spur durchs Weltall ziehen. Doch er fühlt die Anziehungskraft der Erde und «fällt» in jedem Augenblick seiner Existenz zu ihr hin. Dadurch wird seine Bahn zu einem unausweichlichen ewigen Kreisen um die Erde herum abgelenkt. Aber auch die Erde fällt buchstäblich – genau wie der zur Erde hin beschleunigte Apfel – auf die Sonne zu. Sie teilt also das gleiche «Schicksal» mit dem Mond und allen anderen Planeten.

Newton fand nun das hinter der Schwerkraft stehende mathematische Gesetz heraus. Demnach gibt es ein festes Verhältnis zwischen der Entfernung eines Planeten von der Sonne und der auf ihn wirkenden Kraft. Bei doppelter Entfernung wirkt nur noch ein Viertel der Kraft auf ihn ein, bei dreifachem Abstand nur noch ein Neuntel und so weiter. Ob Birnen, Pflaumen, Bungee-Springer oder der Jupitermond Io: Alles gehorcht dem gleichen universellen Gesetz.

Was genau ist nun diese mysteriöse Kraft, die angeblich über so große Entfernungen wie den Abstand zwischen Sonne und Erde wirkt? Oder, um bei Newtons berühmtem Apfel zu bleiben: Ist es wirklich die Erde selbst, die da am reifen Obst zieht und zerrt? Einstein konnte nach der Ausarbeitung der Speziellen Relativitätstheorie mit Newtons Interpretation der Schwerkraft als einer über astronomische Entfernungen hinweg wirkenden Kraft keineswegs zufrieden sein. Wie käme denn auch eine solche Verbindung zustande? So sind zum Beispiel Radio- und Fernsehsignale oder E-Mails sehr schnelle Kommunikationsmittel, können aber einen Lichtstrahl nie einholen, gibt die Astrophysikerin Janna Levin in ihrem lesenswerten Buch «How The Universe Got Its Spots» zu bedenken. Keine Masse und keine Information wird sich jemals schneller als mit Lichtgeschwindigkeit fortbewegen können.

Um etwas so universell Alltägliches wie irdisches Fallobst zu produzieren, muss man den Gesetzen von Ursache und Wirkung genügen. Und die sind von der Lichtgeschwindigkeit abhängig. Da mutet die Definition einer Naturgröße, die auf unerklärlicher, überlichtschneller Sofortfernwirkung beruht, etwas seltsam an. Sir Isaac Newton hatte zwar 1666 die mathematischen Regeln der Schwerkraft entdeckt, doch ihre wahre Natur noch nicht erklären können.

Sir Isaac Newton (1643–1727). Anonymes zeitgenössisches Gemälde. Cambridge, Trinity College

Die Schwerkraft, auch Gravitation genannt, und Einsteins Spezielle Relativität wollten sich also nicht vertragen. Deshalb arbeitete der ehemalige Patentbeamte eine neue Theorie aus, in der die Gravitation nicht zu der Speziellen Relativität in Widerspruch geriet. Er ersetzte den Begriff der Kraft durch die geometrische Vorstellung einer gekrümmten Raumzeit. Damit war die Schwerkraft zu einer geometrischen Funktion geworden. Wenn man die Gravitation als ein Feld betrachtet und sich die Masse eines Körpers, die die Raumzeitkrümmung bewirkt, als elektrische Ladung vorstellt, dann ergibt sich dieser Vergleich: «Eine elektrische Ladung erzeugt ein elektrisches Feld um sich herum, dessen Stärke in Beziehung zur Größe der Ladung steht. Wie die elektrische Ladung, erzeugt auch die Masse ein Feld in Form eines gekrümmten Raums in ihrer Umgebung: ein Gravitationsfeld analog zum elektrischen Feld. Der leere Raum ist flach, aber in der Gegenwart von Masse oder Energie irgendeiner Art, etwa eines Sterns wie unsere Sonne, krümmt sich der Raum in ihrer Umgebung, und die Zeit dehnt sich aus.» (HUS: 45)

Newtons Apfel wird nicht mehr von der Erde direkt angezogen, sondern zu ihr hin beschleunigt. Die Masse der Erde krümmt die Raumzeit in ihrer Umgebung, sodass der Apfel entlang dieser Raumzeitkurve zur Erde hin fällt. Entsprechend krümmt die Sonnenmasse die Raumzeit derart stark, dass die Erde «zur Sonne fällt» und sie umkreist.

Die gekrümmte Raumzeit gehört demnach in eine andere geometrische Kategorie als etwa die von Architekten und Landschaftsgärtnern angewandten Berechnungen für die Winkel von Dachschrägen oder den barocken Schwung eines kommunalen Stiefmütterchenbeetes. In dieser vertrauten oder auch «euklidisch» genannten Geometrie ist der kürzeste Abstand zwischen zwei Punkten eine Gerade. Die Winkelsumme eines Dreiecks beträgt verlässlich 180 Grad, der Umfang eines Kreises ist immer Pi mal Durchmesser, und alle Eigenschaften des physikalischen Raumes, wie wir ihn im Alltag erleben, lassen sich anhand der euklidischen Theoreme verstehen.

In der «nichteuklidischen» Geometrie der Raumzeitkrümmung aber werden aus den Punkten der euklidischen Ebene verschiedene Ereignisse, die nicht nur räumlich, sondern auch zeitlich voneinander getrennt sind. Das 180-Grad-Dogma der Dreieckswinkelsumme gerät auf einer Kugeloberfläche zwangsläufig ins Wanken. Und da die Gravitation ein Teilaspekt dieser vierdimensionalen Geometrie ist, beeinflusst sie auch Zeit- und Entfernungsmessungen.

Hatte Einstein in seiner Speziellen Relativitätstheorie bereits bewiesen, dass in Bewegung befindliche Uhren langsamer ticken, fand er bei der Entwicklung der Allgemeinen Relativitätstheorie heraus, dass die Zeit im Gravitationsfeld eines schweren Körpers ebenfalls langsamer vergeht. Die Auswirkungen sind zwar nur minimal, aber zum Beispiel mit einer Cäsiumatomuhr (▤ 11) nachweisbar.

In einem Experiment wurde so ein Präzisionsinstrument aus der Physikalisch-Technischen Bundesanstalt (PTB) in Braunschweig hoch auf den Nordturm des Kölner Doms gebracht und nach Ablauf einer Woche mit der Referenzuhr im 80 Meter tiefer gelegenen Braunschweig verglichen. Tatsächlich war das in luftiger Höhe aufgestellte Normgerät zur Herstellung und Überwachung der deutschen Zeit um 7 Nanosekunden (Milliardstel Sekunden) schneller gelaufen als die näher im Wirkungsbereich des Erdgravitationsfeldes positionierte PTB-Uhr. (💻 5) Unsere Intuition mag uns eingeben, alle Uhren gingen gleich, denn schließlich muss ja auch eine ganze Woche verstreichen, damit man einen nicht wahrnehmbaren Unterschied von 7 Milliardstel Sekunden messen kann. Aber der Effekt findet tatsächlich statt.

Die Raumzeitkrümmung ist eine Säule im Gebäude der Allgemeinen Relativitätstheorie, eine weitere ist das Äquivalenzprinzip. In diesem Zusammenhang wird meist die Anekdote erzählt, Einstein sei zu seiner neuen Deutung der Gravitation durch die plötzliche Intuition angeregt worden, ein vom Dach fallender Mensch spüre die Schwerkraft nicht. Eine zweite Version dieser Geschichte spricht von einer Person, die in einem abstürzenden Fahrstuhl steckt und dabei keine Kraft auf sich wirken fühlt. Beide Situationen beschreiben im Prinzip das Gleiche. Man könnte sie als Einsteins katastrophisches Pendant zu Newtons Apfel bezeichnen.

Täglich spüren wir beim Gehen den Widerstand des Erdbodens, sodass wir den Eindruck haben, die Gravitation ziehe uns zum Erdmittelpunkt hin. Das gleiche Prinzip erleben wir im Fahrstuhl. Wenn wir nach oben fahren, drückt uns die Aufwärtsbeschleunigung gegen den Fußboden der Kabine, ja, der Boden scheint uns regelrecht entgegenzukommen und wir fühlen uns ein bisschen schwerer. Einstein erkannte diese beschleunigte Bewegung als gleich bedeutend mit der Gravita-

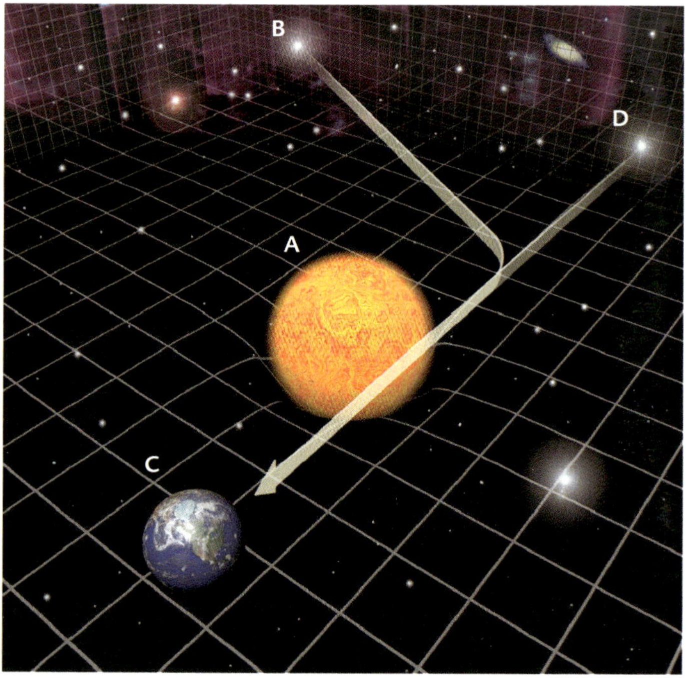

Die Masse der Sonne (A) verwirft die Raumzeit in ihrer Nähe. Dadurch wird das Licht eines fernen Sterns (B), das dicht an der Sonne vorbeikommt, abgelenkt. Auf der Erde (C) entsteht der Eindruck, es treffe aus einer anderen Richtung (D) ein.

tion und nannte diesen Zusammenhang Äquivalenzprinzip. (Nus: 24 f.)

Und welche Idee kam Einstein bei der Vorstellung eines abstürzenden Fahrstuhls? Laut Galilei fallen Objekte von verschiedener Masse mit der gleichen Beschleunigung. Im freien Fall zwischen dem vierten Obergeschoss und dem Heizungskeller eines Kaufhauses schweben demnach der 80 Kilo schwere Manager, sein Notebook, die 400-Kilo-Palette mit dem neuen Buch von Stephen Hawking, zwei Tafeln Schokolade und eine Thermoskanne Kaffee schwerelos in der Kabine wie im Weltraum, bis sie, unabhängig von ihrer Masse, gleichzeitig auf den erstbesten Widerstand treffen, was in diesem Fall mit hoher

Wahrscheinlichkeit der Kellerfußboden sein dürfte. Während des Absturzes spürt keines dieser Objekte irgendeine Kraft auf sich wirken. Die Gravitation meldet sich bei ihnen erst in dem Augenblick, wenn ihnen der nach oben beschleunigte Fußboden entgegengekommen ist.

Die Gravitation ist also beschleunigte Bewegung. Auch auf den drei Metern freien Falls zwischen dem Ast des Apfelbaums und der Wiese wirkt auf den Apfel keine Kraft ein. Er folgt dem Pfad entlang der gekrümmten Raumzeit, bis ihm die nach oben beschleunigte Wiese entgegenkommt. Nun darf man sich aber nicht vorstellen, dass die Erde bei jedem Fall eines Apfels wie ein Ballon anschwillt und dem Fallobst in entgegenkommender Weise einen Tritt versetzt. Diese Aussage macht nur Sinn, wenn man eine durch die Masse der Erde verursachte Raumzeitkrümmung voraussetzt. (ZEU: 107)

Eine weitere Konsequenz, die sich aus Einsteins neuer Schwerkrafttheorie ergab, war die Einwirkung des Gravitationsfeldes auf das Licht. Im Rahmen seiner neuen Erkenntnisse über Raum, Zeit und Licht gelangte Einstein zu dem Schluss, dass ein Lichtstrahl von der gekrümmten Geometrie in der Nähe eines schweren Körpers abgelenkt werde. Gemeinsam mit dem Astronomen Erwin Freundlich sann er über eine Verifizierungsmethode seiner Idee nach. Da selbst die Masse des Jupiters zu gering war, um den Lichtablenkungseffekt mit irdischen Instrumenten messen zu können, bot sich die tausendmal schwerere Sonne an.

Einsteins Berechnungen ergaben einen bestimmten Abweichungswinkel in unmittelbarer Nähe des Sonnengravitationsfeldes. Eine experimentelle Bestätigung dieser Größe hätte Einstein zum neuen «Master of the Universe» gemacht. Aber wie sollte man wohl das Licht eines fernen Sterns in Sonnennähe beobachten können, wenn das Zentralgestirn jede andere Lichtquelle in den Schatten stellte? Aus dem Briefwechsel der beiden Wissenschaftler (GöF: 90 f.) geht hervor, dass Einstein zuvor bereits selbst auf die glänzende Idee mit der Sonnenfinsternis gekommen war. Die einzige Möglichkeit nämlich, das Licht eines Sterns und dessen vermutliche Ablenkung in Sonnennähe zu beobachten, bietet sich während einer totalen Sonnenfinsternis. Denn bei diesem kosmischen Schauspiel steht einerseits die Sonne hoch genug am Himmel, während der genau auf einer Linie zwischen Erde und Sonne stehende Mond das Tagesgestirn verdeckt und sein über die Erde hinwegwandernder Schatten genügend Dunkelheit erzeugt, um die Sterne beobachten zu können. Gäbe es nun eine Differenz zwischen der zu erwartenden und der tatsächlich beobachteten Position eines ausgewählten Sterns, wäre die Lichtablenkung aufgrund der Gravitationswirkung der Sonne bewiesen.

Im August 1914 scheiterte Erwin Freundlichs Expedition auf die Krim, wo er im Auftrag Einsteins eine Sonnenfinsternis fotografieren wollte. Ausgerechnet in dieser Woche brach der Erste Weltkrieg aus, der verdutzte deutsche Astronom befand sich plötzlich auf feindlichem Territorium und geriet für vier Wochen in russische Kriegsgefangenschaft.

Erst fünf Jahre später überprüfte Sir Arthur Eddington, Direktor der Sternwarte Cambridge, den Gravitationseffekt während einer totalen Sonnenfinsternis auf der Tropeninsel Principe vor der Westküste Afrikas. Um kurz nach 14 Uhr am 29. Mai 1919 trat die Totalität am wolkenfreien Himmel ein, sodass Eddington das Sternenfeld der Hyaden in der Umgebung der schwarzen Scheibe deutlich erkennen und fotografieren konnte. (GöF: 149 f.)

Sir Arthur Stanley Eddington (1882–1944), um 1935

Eddington entwickelte die Fotoplatten sofort an Ort und Stelle und verglich sie mit Positionsaufnahmen derselben dreizehn Sterne des Hyadenhaufens, die zur Kontrolle einige Monate vor der Expedition in Oxford gemacht worden waren. Begeistert stellte der Relativitätsenthusiast fest, dass das Licht im Schwerefeld der Sonne tatsächlich um durchschnittlich 1,6 Bogensekunden abgelenkt wurde. Der Vorhersagewert der Allgemeinen Relativitätstheorie von 1,75 war damit im Rahmen der statistischen Schwankungsbreite grandios bestätigt worden.

Albert Einstein hatte also Recht gehabt und Newtons Vorstellungen wieder einmal auf den neuesten Stand gebracht: Die Raumzeit ist nicht flach, sondern wird von der im Universum vorhandenen Masse und Energie gekrümmt. Für die Physikergemeinde war dies die wohl bedeutsamste Neuigkeit seit Newtons Deutung von Fallobst als Resultat einer Sofortfernwirkungskraft. Am Rande der historischen Konferenz der Königlich Astronomischen Gesellschaft in London im November 1919, die den Beginn von Einsteins Weltruhm markierte, trat das eher skeptische Mitglied des vornehmen Clubs, Ludwig Silberstein, an Eddington heran und fragte ihn, ob es stimme, dass er einer der drei Menschen auf der Welt sei, die Einsteins Relativitätstheorie verstünden. Nach einigem Zögern soll Eddington geantwortet haben: «Tut mir leid, aber ich komme einfach nicht darauf, wer der dritte sein könnte.» (🕮 EMC)

Oxford

Schon früh zeigte sich Stephens Talent für technische Dinge und sein unbändiger Wille, alles verstehen zu wollen. Das hatte bereits sein Faible für selbst ausgedachte Brettspiele offenbart, vor deren Komplexität Geschwister und Spielgefährten am Ende nur allzu bereitwillig kapitulierten. Mutter Isobel bestätigt, ihr Sohn habe neben seiner mathematischen Begabung zwar auch stark ausgeprägte musikalische Neigungen gehabt, diese aber nicht weiter ausgebildet, da es so viele andere interessante Dinge zu entdecken gab. Meistens habe er sich die erforderlichen Kenntnisse selbst beigebracht. Dabei kam ihm seine Fähigkeit zugute, sich leidenschaftlich einer Sache zu widmen und sich uneingeschränkt konzentrieren zu können: «Ich erinnere mich, wie er auf einem Trecker oder einem anderen landwirtschaftlichen Gerät bei irgendeinem befreundeten Bauernjungen saß und sich eingehend mit den technischen Einzelheiten befasste, während die anderen Kinder buchstäblich auf ihm herumkletterten, ihm fast auf den Kopf traten, ohne dass er es zur Kenntnis nahm.» (SHW: 34 f.)

> Stephen hat sich von Anfang an alles selbst beigebracht, und wenn er irgendwelche Dinge nicht lernen wollte, dann lag es wahrscheinlich daran, dass er sie nicht brauchte [...] Stephen hat sich nie besonders für die Arbeit seines Vaters interessiert. Er konnte der Biologie nichts abgewinnen und hat sich auch keine Tiere gewünscht. Von Anfang an baute er Sachen, dachte über Sachen nach und redete viel.
>
> Isobel Hawking, 1992

In Stephens letztem Schuljahr an der St. Albans School gelang es einem Team von sechs Schülern unter der Leitung des engagierten Mathematiklehrers Dick Tartar, einen avantgardistischen Apparat zusammenzubauen, den die Jungen stolz LUCE nannten: Logical Uniselector Computing Engine (Logische Drehwahl-Rechenmaschine). Er bestand hauptsächlich aus den Einzelteilen einer alten Telefonvermittlungsanlage und anderem ausgeschlachteten Elektronikschrott. Eine Menge Lötzinn und Schweiß ging bei der Knüpfung neuer Kontakte drauf, bis die Maschine zum viel bestaunten Orakel von St. Albans avancieren konnte. Schüler und Eltern kamen und stellten LUCE Fragen, und wenn sie Glück hatten, wusste der Computer sogar eine Antwort.

Stephen war nicht unbedingt der geschickteste Bastler. Freunde und Verwandte bescheinigten ihm sogar zwei linke Hände. Aber auch er schwang begeistert den Lötkolben und hatte entscheidenden Anteil an der Gedankenarbeit für das Projekt. Und 1958 war eine selbst gebaute funktionsfähige elektronische Rechenmaschine eine Sensation für ein Kleinstadtgymnasium wie die St. Albans School.

Um in Oxford studieren zu können, musste ein Schüler Ende der 1950er Jahre eine Zulassungsprüfung der Universität bestehen. Aber allein schon die heiß begehrte Zulassung zur Zulassungsprüfung war nur möglich, wenn die schulischen Leistungen entsprechend weit über dem Durchschnitt lagen.

Inzwischen hatte Vater Frank dem selbstbewussten Drängen des Sohnes nachgegeben, Mathematik und Physik studieren zu wollen. Er hatte – wie so viele Eltern von Genies in der Geschichte der Menschheit – seinen Sprössling nicht für den eigenen Beruf begeistern können. Eine Karriere als Mediziner kam für Stephen nicht infrage. Er wollte sich die mathematischen Werkzeuge aneignen, die man zum Studium der Physik benötigte, um endlich dem Großen und Ganzen, dem Universum selbst, auf den Grund gehen zu können.

Frank Hawking wiederum quälten bei dieser Studienfachentscheidung die vermeintlich schlechten Berufsaussichten. Würde sein Sohn sich als brillant genug erweisen, um mit einer solchen Ausbildung seinen Lebensunterhalt verdienen zu können? Trotz der hervorragenden Noten, die Stephen in den naturwissenschaftlichen Disziplinen erzielt hatte, glaubte sein Vater, eine Aktivierung alter Beziehungen könne nicht schaden, zumal es ja auch um die Gewährung eines Begabtenstipendiums ging. Also empfing der Tutor des physikalischen Fachbereichs, Robert Berman, den Frank aus seiner eigenen

Studienzeit noch kannte, die beiden Hawkings noch vor den Aufnahmeprüfungen zu einer Plauderstunde, die, wie Berman versicherte, keinerlei Auswirkungen auf die Vergabe des Studienplatzes hatte. (Bio: 56) Denn Stephen bestand die vier schriftlichen Prüfungen in Mathematik und Physik in derart bravouröser Manier, dass alle College-Tutoren seine überragende Begabung erkannten und ihm ein Stipendium gewährten, die höchste Auszeichnung für einen Oxford-Novizen. Am 1. Oktober 1959, vierzig Jahre nach der Verifizierung der Allgemeinen Relativitätstheorie, nahm der siebzehnjährige Stephen Hawking sein Studium am Oxford University College auf.

Als Stipendiat konnte er ein Zimmer im Studentenwohnheim der Universität beziehen, in dem College-Diener für Sauberkeit und Disziplin sorgten. Wer es nicht schaffte, zwischen acht und acht Uhr fünfzehn zum Frühstück im Speisesaal zu erscheinen, stand vor verschlossener Tür. Für einen Oxford-Studenten war Stephen mit seinen siebzehn Jahren außerordentlich jung. Die meisten seines Studienjahrgangs waren einige Jahre älter als er, da sie bereits ihren Militärdienst absolviert hatten. Die Freunde aus St. Albans kamen erst im darauf folgenden Jahr oder gingen nach Cambridge. So fühlte er sich während der ersten drei Semester recht verlassen und unwohl in Oxford.

Die Prüfungsgepflogenheiten am University College machten intelligenten Studenten vom Kaliber Stephen Hawkings das Leben leicht. Der akademische Titel wurde nur aufgrund der Leistungen in den Abschlussexamina am Ende des dritten Studienjahres verliehen. So konnte er problemlos seinen Arbeitsstil aus der St. Albans School fortsetzen: die besten Noten einzufahren, ohne sich allzu sehr dafür ins Zeug legen zu müssen. Rund dreißig Jahre später und von den Höhen des Weltruhms herab kokettierte Stephen Hawking mit der vermeintlichen Unangestrengtheit seines Studiums. So behauptete er, effektiv nur etwa tausend Stunden in den drei Oxford-Jahren gearbeitet zu haben, was einem Tagesdurchschnitt von einer Stunde entspricht. *Damals gehörte es in Oxford nicht zum guten Ton, fleißig zu sein. Entweder man war ohne irgendwelche*

Mühe brillant, oder man fand sich mit seinen Grenzen ab und nahm einen drittklassigen Abschluss in Kauf. Wer fleißig arbeitete, um ein besseres Examen zu machen, galt als «gray man», die schlimmste Bezeichnung, die es damals in Oxford gab. (EiT: 26)

Stephen Hawking gehörte zweifellos zur ersten Kategorie. Sein Physiktutor Robert Berman bezeichnete ihn als den hervorragendsten Studenten, den er jemals hatte. Deshalb beschränkte er sich weise darauf, seinem Überflieger im wöchentlichen Tutorenkurs genügend Aufgabenfutter zu bieten, damit er in Übung blieb. Die Idee, ihm etwas beibringen zu können, hatte er sich bald abgeschminkt.

Robert Berman, Hawkings Physiktutor in Oxford, 1992

Derek Powney, ein Absolvent des Tutorenkurses, dem auch Hawking angehörte, erzählt von seinem ganz persönlichen Aha-Erlebnis. Robert Berman hatte ihnen dreizehn schwierige Aufgaben gestellt, von denen sie möglichst viele lösen sollten. Gemeinsam mit einem Kommilitonen schaffte er in einer Woche Arbeit anderthalb Aufgaben, worauf die beiden voller Stolz Hawking fragten, wie weit er denn sei. Der hatte noch gar nicht damit angefangen, kündigte aber an, sich am nächsten Morgen nach dem Frühstück die Fragen vorzuknöpfen.

«Er ging um neun auf sein Zimmer [...]. Wir kehrten gegen zwölf zurück [...]. ‹Ah, Hawking›, sagte ich. ‹Wie viele hast du denn geschafft?›

‹Na ja›, sagte er, ‹die Zeit hat nur für die ersten zehn gereicht.›

Wir brachen in Gelächter aus, das uns aber auf den Lippen gefror, weil er uns so fragend anblickte. Uns wurde plötzlich klar, dass er die Aufgaben tatsächlich geschafft hatte – die ersten zehn. Ich glaube, da begriffen wir, dass er von einem anderen Stern war.» (SHW: 49)

Die Legendenbildung um das Physikgenie steht in vermeintlichem Widerspruch zu den Aussagen von Freunden und Verwandten über seine schulischen Leistungen. Dass er ein Ass in Mathe und Physik war, zweifelte in St. Albans zwar niemand an. Doch habe er sich – so etwa sein Freund und Klassenkamerad John McClenahan – in keinem Fach jemals überdurchschnittlich hervorgetan. Jedenfalls war man an der St. Albans School verblüfft, dass die berühmte Oxford University dem Siebzehnjährigen, ein Jahr bevor die reguläre Prüfung anstand, ein Begabtenstipendium gewährt hatte.

Vielleicht wurde ja seine spezielle Intelligenz in der Schule nie richtig angesprochen und kam erst beim professionellen Umgang mit physikalischen Themen richtig zur Entfaltung. Womöglich lief der Halbwüchsige erst im Kreise gleichrangiger Geister zur Bestform auf. Und wahrscheinlich bedurfte es auch der Einsichtsfähigkeit erfahrener Tutoren, um das wirkliche Potenzial der Hawking'schen Intelligenz ausloten zu können.

Hawking war dem Universitätslehrplan jedenfalls weit voraus und weigerte sich einmal sogar, die Aufgaben aus einem Lehrbuch zu lösen. Stattdessen zeigte er dem verblüfften Dozenten Patrick Sandars sein Exemplar, in dem er die Fehler angekreuzt hatte, die dem Autor unterlaufen waren. Mit seiner lässigen Arbeitsmoral, die von einem gesunden Selbstbewusstsein getragen wurde, gewann er zum Abschluss des vierten Semesters ohne große Anstrengung auch den Physikpreis der Oxford University, ein Wettbewerb, an dem jeder Stipendiat teilnehmen musste.

Nachdem er sich im ersten Studienjahr als Außenseiter gefühlt und unter Einsamkeit gelitten hatte, geriet durch die Freundschaft mit Gordon Berry einiges in Bewegung. Gemeinsam bewarben sich die beiden Kommilitonen beim Ruderclub des University College. Die Rudergemeinschaften der verschiedenen Fakultäten waren gesellschaftlich hoch angesehen und

Stephen Hawking als Steuermann des B-Achters, Oxford 1961

dienten als sportliche Aushängeschilder einer ruhmreichen universitären Tradition. Deren Mitglieder nahmen ihren Sport sehr ernst und bemühten sich ehrgeizig, möglichst täglich zu trainieren, um für die jährlich im Sommer stattfindenden Wettkämpfe gegen die Rivalen aus Cambridge fit zu sein.

Hawking hatte nicht gerade die Statur eines Ruderathleten, aber als Fliegengewicht mit lauter, durchdringender Stimme schien er für den Job des Steuermanns prädestiniert zu sein. Die bierselige Geselligkeit der Boatclub-Männerrunde, in die Hawking nach den Trainingsfahrten eintauchte, verwandelte mit der Zeit den stets etwas linkisch wirkenden Jungen aus der Provinz in einen verwegenen Draufgänger, der den B-Achter des University College auf der Themse zu waghalsigen Manövern anstachelte, was nicht selten zu Blessuren an Ruderblättern und Boot führte. (Bio: 66)

Jeden Nachmittag gingen nun Berry und er hinunter zum Fluss und schwänzten darüber so manches Praktikum in den

Experimentallabors. Doch wie Berry berichtet, entwickelten die beiden eine erstaunliche Gewandtheit beim raschen Sammeln und Arrangieren von Datenkolumnen, sodass beim Lesen des Berichtes durchaus der Eindruck entstehen konnte, es habe sich um ein tatsächlich durchgeführtes Experiment der beiden Ruderenthusiasten gehandelt. Dennoch weist Berry den Begriff «schummeln» weit von sich. Er und Stephen hätten lediglich «intensive Interpretationsarbeit» geleistet. (SHW: 57)

Der neu gewonnene Schwung fand auch Ausdruck in einer Kapriole, die ihm eine polizeiliche Verwarnung einbrachte. Gemeinsam mit einem Freund pinselte er in einer Nacht-und-Nebel-Aktion die Parole «Wählt Liberal!» auf den Bogen einer Themsebrücke, sodass all seine Ruderkameraden es am nächsten Tag auf dem Fluss sehen mussten. Doch ein Streifenpolizist erwischte die beiden auf frischer Tat. Und während der «Freund» flüchten konnte, saß Stephen mit Farbtopf und Pinsel in der Falle. (Bio: 68)

Stephen war im Vergleich zu uns anderen so intelligent, dass ihm das Leben mit uns manchmal schwer gefallen sein muss. Ich glaube, Stephens Strategie für das Leben mit Menschen, die, an ihm gemessen, ziemlich unterbelichtet waren, bestand darin, geeignete Abwehrmechanismen zu finden [...] Doch selbst in Oxford müssen wir ihm alle nach seinen Maßstäben bemerkenswert dumm erschienen sein, und es ist ziemlich schwer, ständig mit Menschen zusammen zu sein, die viel dümmer sind als man selbst. Ich glaube, dann gibt man wenig von sich preis und präsentiert der Welt zum eigenen Schutz fast so was wie eine Karikatur von sich selbst.

Kommilitone Derek Powney, 1992

Auf einer Fotografie des Ruderclubs von 1962, dem Abschlussjahr Stephen Hawkings, wirft er sich selbst am vehementesten von allen in Pose. Weiß man um die schwere Krankheit Hawkings, könnte man dazu neigen, diese übermütige Gebärde als ein Aufbäumen der nach drei Semestern Langeweile und Isolation gerade erst wieder aufgeblühten Lebensfreude gegen die in den Körperzellen lauernde Lähmung zu deuten. Denn ganz so unbeschwert und ausgelassen, wie das Foto suggeriert, kann der Steuermann des B-Achters sein letztes Semester in Oxford nicht mehr erlebt haben. Es gab bereits die Augenblicke, wo er sich die Schuhe erst nach wiederholten Versuchen

Der University College Boat Club, 1962; rechts, voller Übermut, Stephen Hawking

zuschnüren konnte. Auch die Beine gaben manchmal nach und er stieß gegen Hindernisse.

Einmal geriet er im University College ins Stolpern, stürzte schwer die Treppe hinab und schlug mit dem Kopf auf. Glücklicherweise war Gordon Berry zur Stelle und half ihm wieder auf die Beine. Doch schien er sein Gedächtnis verloren zu haben, denn er brauchte ein paar Stunden, bis er sich an den Sturz erinnern konnte. Da er befürchtete, seine Intelligenz könnte unter dem Unfall gelitten haben, absolvierte er den Mensatest, einen speziellen Intelligenztest, der für die exklusive Minderheit der Höchstbegabten entwickelt wurde. Anscheinend genügte ihm die erreichte Punktzahl, um zu wissen, dass er keinen Schaden genommen hatte. (SHW: 59 f.)

Als die Abschlussprüfungen näher rückten, verbreitete sich auch unter den Kommilitonen des Hawking'schen Jahrgangs jene nervös vibrierende Stimmung aus Examensangst, viel zu lautem Zweckoptimismus und Schicksalsergebenheit. Und selbst der Überflieger des Physikkurses geriet kurz ins

Stephen Hawking bei der Abschlussfeier in Oxford, 1962

Grübeln über den «effizienten» Arbeitsstil seiner Oxford-Jahre. Deshalb legte er sich für die schriftlichen Arbeiten, die sich über vier Tage erstreckten und den Stoff der letzten drei Jahre behandelten, eine Taktik zurecht. Da sich die Studenten bei jedem einzelnen Test aus einem großen Pool die Aufgaben selbst zusammenstellen konnten, hielt er sich an die Fragen aus der theoretischen Physik, denn diese entsprachen seinem intuitiven Zugang zum Stoff am besten, während ihm das Faktenwissen der Experimentalphysik weniger lag.

Am Ende stand er auf der Kippe zwischen einer Eins und einer Zwei. Hawking hatte sich bereits für ein Forschungsstipendium in Cambridge beworben. Er wollte bei Sir Fred Hoyle, dem seinerzeit berühmtesten Astronomen Englands, promovieren. Um dort angenommen zu werden, brauchte er allerdings eine First-Class-Benotung. Das war der Universalschlüssel der Oxford University, der einem Examenskandidaten alle Türen für eine große Forscherkarriere öffnen konnte. Um die Endnote festzulegen, musste Hawking noch zu einer mündlichen Prüfung erscheinen. Offenbar war ihm nicht bewusst, wie wohlwollend ihm die Mitglieder der Prüfungskommission gesinnt waren. Seine Selbsteinschätzung vom faulen und vergnügungssüchtigen Studenten wurde auf den Etagen der Entscheidungsträger anscheinend nicht geteilt. *Sie fragten mich nach meinen Zukunftsplänen. Ich sagte, ich wolle in die Forschung gehen. Wenn sie mir eine Eins gäben, würde ich nach Cambridge gehen, wenn ich eine Zwei erhielte, würde ich in Oxford bleiben. Sie gaben mir eine Eins.* (EiT: 26 f.)

Die Quantentheorie oder Der folgenschwerste Heuschnupfen des 20. Jahrhunderts

Dem frisch gekürten Einser-Absolventen der Oxford University konnte es bei seinem Promotionsthema natürlich nur um etwas Grundsätzliches gehen. Das war ihm schon als Schüler klar gewesen. Und da gab es eigentlich nur zwei Möglichkeiten. Entweder entschied er sich für ein Forschungsprojekt aus der Kosmologie, in der man die Beschaffenheit des großmaßstäblichen Universums untersuchte, oder er konzentrierte sich auf die Quantentheorie, die Erforschung der subatomaren Teilchen und deren Wechselwirkungen.

Stephen Hawkings Herz schlug eindeutig für Albert Einsteins Allgemeine Relativitätstheorie, die die Anziehungskräfte, Geschwindigkeiten und Energieverhältnisse im gekrümmten Raumzeitkontinuum des beobachtbaren Universums am besten erklären konnte. Hier wollte Hawking einsteigen und einen eigenen Beitrag leisten. 1963 erschien ihm der Teilchenzoo der Teilchenphysik zu unübersichtlich. Er wollte nicht als Erbsenzähler enden, der die ständig neu entdeckten subatomaren Partikel in Familien, Gattungen und Arten einteilte.

Natürlich waren die Quantentheoretiker selbst ganz anderer Meinung. Denn ungeachtet der Hawking'schen Vorliebe war zu diesem Zeitpunkt die von Richard Feynman entscheidend weiterentwickelte Quantenelektrodynamik (oder QED) die erfolgreichste physikalische Theorie seit Newtons Bewegungsgesetzen und so ziemlich das Grundsätzlichste, was die Physik zu bieten hatte. Immerhin erklärt sie unter anderem sämtliche vorkommenden chemischen Verbindungen. Die QED macht äußerst präzise Vorhersagen über die Wechselwirkungen zwischen Materie (Elektronen) und Licht (Photonen).

Richard Feynman
(1918 – 1988). Foto von 1954

Wenn es einer Theorie gelingt, die Ergebnisse von Experimenten bis auf die neunte Dezimalstelle hinter dem Komma vorherzusagen, ist sie wohl zu Recht eine würdige Repräsentantin der Realität.

Die Hauptaussagen der Quantenelektrodynamik hat Feynman um einer besseren Anschauung willen in einen griffigen Dreischritt-Merksatz gegossen:

1. Ein Elektron geht von A nach B.
2. Ein Photon geht von A nach B.
3. Ein Elektron emittiert oder absorbiert ein Photon.

(QED: 105 – 107)

Und auf diesen Grundbedingungen lassen sich die meisten Prozesse aufbauen, die unser Leben ausmachen. Die QED erklärt fast alles, mit Ausnahme der Gravitations- und Radioaktivitätsphänomene. Doch was die Physikstudenten des 21. Jahrhunderts als «state of the art» lernen, war für die Forscher des vergangenen Jahrhunderts keineswegs selbstverständlich. Mancher große Geist, Einstein an prominentester Stelle, verzweifelte an den Kapriolen der kleinsten Teilchen, die sich einfach nicht so verhalten wollten, wie Newtons Bewegungsgesetze es vorschrieben. Bis die Quantentheorie des Elektromagnetismus in ihre heutige Form entwickelt war, bissen sich die Physiker in jahrzehntelangen bitteren Auseinandersetzungen die Zähne am merkwürdigen Verhalten der Elektronen aus.

Wieder einmal war es das Licht, das den Anstoß zu einer Revolution in der Physik gab, diesmal durch die Quantentheorie. War in der Speziellen Relativitätstheorie die Lichtgeschwindigkeit als letztes Absolutum im relativen Raumzeitgefüge übrig geblieben, so kam es bei der Entdeckung der wahren Natur des Lichts zu einer erneuten Erschütterung des newtonschen Weltbildes. Und es war wiederum Albert Einstein, der der neuen Quantentheorie auf die Sprünge half.

Isaac Newton ging bei seinen Untersuchungen optischer Phänomene davon aus, dass das Licht Teilchencharakter hat. Er sprach sogar von «Korpuskeln», wenn er an die Lichtteilchen dachte, ein Wort, in dem es so richtig schön materiell rumpelt und poltert. James Clerk Maxwell wiederum bestätigte in den 70er Jahren des 19. Jahrhunderts während seiner Arbeiten zur Vereinigung von Elektrizität und Magnetismus die Erkenntnis von Christiaan Huygens, der bereits 200 Jahre zuvor das Licht als Wellenphänomen erklärt hatte. Aber Einstein erkannte scharfsinnig die Unvollständigkeit der Maxwell'schen Wellentheorie. Er bewies mit seiner Arbeit über den «Photoeffekt», dass sich ein Lichtstrahl unter bestimmten Voraussetzungen wie ein Strom winziger Teilchen verhält, die Photonen genannt werden. Trifft so ein Photonenstrahl auf ein Metallatom, werden Elektronen aus dem Atom herausgeschlagen. Einstein wies nach, dass sich dieser Vorgang allein durch das Verhalten der Lichtteilchen erklären ließ. Er musste dabei nicht auf den Wellencharakter der elektromagnetischen Energie zurückgreifen, den Maxwell als Natur des Lichts definiert hatte. (APh)

Darüber hinaus zeigte sich, dass das Licht nur in bestimmten Einheiten abgestrahlt wurde und nicht etwa in beliebig kleinsten Schwankungen, wie man bis zu Beginn des 20. Jahrhunderts vermutet hatte. Die Energie dieser «Lichtpakete» ist proportional zu ihrer Frequenz. Damit verifizierte Einstein das Konzept von Max Planck, der 1900 die Existenz solcher Pakete postuliert und sie Quanten genannt hatte. Für jedes Teilchen, das von dem Metallatom abgegeben wird, ist ein einzelnes Lichtquant verantwortlich, das beobachtbar und nachweisbar ist. Für diese Arbeit aus dem Jahr 1905, in dem auch der Aufsatz über die Spezielle Relativität erschien, erhielt Einstein siebzehn Jahre später den Nobelpreis und nicht etwa für seine Relativitätstheorien.

Max Planck (1858 – 1947). Foto um 1906

Licht hat also sowohl Wellen- als auch Teilchencharakter. Diese die Intuition unterwandernde Gegensätzlichkeit wird im subatomaren Bereich der Materie zur Normalität. Die Welle-Teilchen Dualität, die sich beim Licht gezeigt hatte, kommt auch bei Elektronen und allen anderen Objekten der Quantenwelt zum Ausdruck. Das Elektronenteilchen kann sich wie eine Welle verhalten und plötzlich an einem Ort auftauchen, wo es sich eigentlich gar nicht aufhalten dürfte.

Der Wissenschaftsautor Paul Davies beschreibt mit einem anschaulichen Beispiel den so genannten Tunneleffekt der Elektronen. Wenn wir einen Stein gegen eine Fensterscheibe schleudern, hängt das Resultat von der Energie ab, die wir in den Wurf legen. Entweder prallt der Stein von der Scheibe ab, oder wir hören das charakteristische Splittergeräusch eines erfolgreichen Versuchs. Im Quantenbereich wäre ein atomares Gitter oder eine elektrische Spannung das Äquivalent zur Fensterscheibe. Nähert sich nun ein Elektron, hängt es ebenfalls von dessen Energie ab, ob es von diesem Hindernis abprallt oder hindurchdringt. Bei entsprechenden Energieniveaus geschieht beides. Allerdings gibt es in der Quantenwelt noch eine viel merkwürdigere Möglichkeit. Davies schreibt: «Noch wesentlich bizarrer erscheint es, wenn ein Elektron zwar nicht genug Energie hat, um das Hindernis zu überwinden, wenn es aber trotzdem wie durch ein Wunder auf der Seite hinter dem Hindernis erscheint. Wir müssen uns dazu vorstellen, dass wir einen Kieselstein ganz leicht gegen ein Fenster werfen, und sehen, wie er durch das Glas auf die andere Seite der Scheibe dringt, ohne das Glas zu zerstören! Genau diese Art von Tricks führen Elektronen uns vor. Sie durchtunneln unüberwindliche Barrieren.» (DUr: 33)

Zwar nehmen wir den Tunneleffekt mit unseren Sinnen nicht wahr, dennoch ist er aus unserem Alltag nicht mehr wegzudenken. Eine mächtige Industrie hat ihn sich zunutze gemacht. So ist er zum Beispiel Bestandteil vieler mikroelektronischer Schaltungen. Wann immer wir also unseren Fernseher oder Computer einschalten, gehen ungezählte Elektronen ihrem Tunnelhandwerk nach, liefern bewegte Bilder oder ermöglichen uns schnelle, weltweite Kommunikation.

Die philosophischen Schmerzen, die solche Quantenphänomene auch heute noch dem gesunden Menschenverstand bereiten, lassen erahnen, wie es den Physikern in den ersten drei Dekaden des 20. Jahrhunderts ergangen sein muss, als sie verzweifelt nach einem mathematischen Verfahren zur Bewältigung und Vorhersage dieses anarchischen Verhaltens von Elektronen suchten, das sich so ganz und gar nicht ins deterministische Uhrwerkuniversum des Sir Isaac Newton fügen wollte.

Im Frühling 1925 kurierte der junge deutsche Physiker Werner Heisenberg einen akuten Heuschnupfen im Reizklima der Nordseeinsel Helgoland aus. Hier, auf dem abgelegenen roten Felsen im Meer, gewann er die Einsicht, dass man das Konzept einer wohl definierten Lokalisierung kleinster Materiepartikel im Atom ein für alle Mal aufgeben musste. Heisenberg erkannte oder besser: errechnete die grundsätzliche Unmöglichkeit, den Ort eines Teilchens präzise zu messen, wenn man gleichzeitig dessen exakte Geschwindigkeit ermitteln will. Leider teilt er uns in seinen Erinnerungen (TuG: 76–78) nicht mit, welchen Anteil sein fiebriger Zustand oder der Genius Loci von Helgoland am entscheidenden Durchbruch zur Formulierung des quantentheoretischen Grundgesetzes hatte.

Heisenbergs «Erleuchtung» in der stillen Klausur mitten im Meer lässt sich gut mit dem Prinzip des Photoeffekts illustrieren, den Einstein in seiner Arbeit über den Teilchencharakter des Lichts zwanzig Jahre zuvor beschrieben hatte. Um überhaupt Position und Geschwindigkeit eines Teilchens messen zu können, kann man zum Beispiel einen Lichtstrahl darauf richten. Diese Lichtmenge wird in einem Paket abgestrahlt, dessen Energie seiner Frequenz proportional ist und Quant genannt wird. Diese von der Natur geforderte Mindestenergie des Lichtquants übt nun aber eine einschränkende Wirkung auf die Messbarkeit des Elektrons aus. Das Licht tritt nämlich mit ihm in Wechselwirkung und verleiht ihm einen Impuls. Diese Wirkung ist unvermeidbar und stört den Messvorgang. Wir sehen das Elektron nur, wenn es das Licht zu uns zurückwirft. Bei dieser Rückstoßaktion aber wird das Elektron sozusagen vom Licht beiseite geschubst.

Das Dilemma des Beobachters liegt darin, dass er zur Steigerung seiner Messgenauigkeit eigentlich Licht mit einer kürzeren Wellenlänge einsetzen müsste. Dieser Versuch wäre allerdings kontraproduktiv, weil eine kürzere Wellenlänge gleichbedeutend ist mit einer Energieerhöhung des Lichtquants. Und es ist genau dieser Mehraufwand an Energie, der das Teilchen massiv stört und noch weiter auf unvorhersehbare Weise abdriften lässt. Es gibt also keinen Ausweg. Diese berühmt gewordene Heisenberg'sche Unschärferelation hat nichts zu tun mit der Qualität eines Messgerätes oder der Ungeschicklichkeit eines Beobachters. Sie ist eine unausweichliche Eigenschaft der Materie, ein eisernes Naturgesetz, das für jedes Quantenteilchen gültig ist. (IGZ: 70–72)

Dieses Grundgesetz der Quantentheorie nennt sich «Heisenberg'sches Unbestimmtheitsprinzip» oder eben Unschärferelation. Es macht Schluss mit der Vorstellung, ein Quantensystem genau bestimmen, geschweige denn alle Teilchenorte und Bewegungen zu einem festen Zeitpunkt vorhersagen zu können. Was bleibt, sind lediglich Wahrscheinlichkeiten von

Ereignissen. Dass auf der grundlegendsten Ebene der Physik, nämlich im Inneren des Atoms, der Zufall lauerte, Sand ins Getriebe der perfekten Newton'schen Mechanik streute und dennoch seine Berücksichtigung bei der Formulierung eines wichtigen Naturgesetzes forderte, schockierte die Physiker der älteren Generation wie etwa Planck und Einstein, wenn sie auch mit ihren Ideen die Geburtshelfer der Quantentheorie gewesen waren. Konfrontiert mit einer Unbestimmtheit, die den Rang eines Naturgesetzes einnahm, brach für sie eine Welt zusammen. So weigerten sich beide zeitlebens, die Tatsache zu akzeptieren, dass die Vorgänge in der Quantenwelt grundsätzlich nicht vorhersagbar sind. (🕮 QSP)

Aber es half ja nichts. Die «Göttinger Physik», wie Heisenbergs neue Theorie stolz an der Universität Göttingen genannt wurde, wo er zum Zeitpunkt dieses produktivsten Heuschnupfens des 20. Jahrhunderts als Privatdozent lehrte (Hei: 35), ließ gar keinen Zweifel aufkommen: Wenn es nicht einmal möglich ist, die gegenwärtige Position und Geschwindigkeit eines Teilchens zu messen, wie sollte man dann wohl das künftige Verhalten eines Quantensystems vorhersagen können?

Einstein und Planck hatten mit ihren Quantenideen unfreiwillig eine Lawine losgetreten, die am Ende ihre lieb gewordenen Vorstellungen von einem berechenbaren Universum gnadenlos unter sich begrub. Doch eine unvoreingenommere Gruppe von Physikern, zu der Niels Bohr, Erwin Schrödinger, Paul Dirac und natürlich Heisenberg gehörte, erarbeitete bis zum Ende der 1920er Jahre die Mathematik für den Umgang mit den Wahrscheinlichkeiten auf der untersten Ebene der Materie. Man gab sich mit der grundsätzlichen Unbestimmtheit in der Mikrowelt zufrieden und wies den Elementarteilchen einen «Quantenzustand» zu, der die Wahrscheinlichkeitsverteilung sowohl der Position als auch der Geschwindigkeit eines Teilchens repräsentierte. Damit war der erste Schritt auf dem Weg getan, die Maxwell'sche Theorie des Elektromagnetismus an die Quantenmechanik anzupassen. Die neue Quantentheorie der Wechselwirkung zwischen Licht und Materie wurde später dann Quantenelektrodynamik oder QED genannt.

Seitdem lautet die heiß diskutierte Frage, ob ein Beobachter mit seinem Messgerät tatsächlich auf das Geschehen einwirkt und es verändert. Der Physiker John Wheeler, der 1969 den Begriff «Schwarzes Loch» geprägt hat, sagt dazu: «Früher dachten wir, das Elektron existiere im Atom an einem bestimmten Ort mit einer bestimmten Geschwindigkeit. Heute wissen wir, dass es keinen Ort und keine Geschwindigkeit im Atom hat. Erst wenn ich die Messgeräte installiere und den Ort oder die Geschwindigkeit messe, bekomme ich eine Antwort. Die Welt hat also zwangsläufig diesen partizipatorischen Charakter: Wir sind nicht einfach Beobachter, wir sind auch Beteiligte an dem Prozess, durch den entsteht, was wir als das Geschehene bezeichnen dürfen.» (SHW: 165) Wheeler erzählt von der 28 Jahre währenden Debatte zwischen Albert Einstein und Niels Bohr, in deren Verlauf Einstein immer wieder darüber wetterte, die Quantentheorie widerspreche jedem ver-

Werner Heisenberg und Niels Bohr

nünftigen Wirklichkeitsbegriff, worauf Bohr ihm eine zu begrenzte Vorstellung von der Wirklichkeit attestierte.

Denkt man tiefer über den Tunneleffekt der Elektronen nach, könnte man zu dem Schluss gelangen, dass ein Elektron auf dem Weg von A nach B mehr als nur einen Weg wählt, um das Hindernis zu umgehen. Dabei verhält es sich wie eine Welle. Auch für die Welle-Teilchen-Dualität der Quantenobjekte wurde schließlich ein mathematisches Verfahren entwickelt, das tatsächlich beschreibt, wie ein Elektron alle möglichen Wege von A nach B geht: Richard Feynmans «Summe über alle Geschichten». Mit diesem Werkzeug zur Berechnung der Wahrscheinlichkeit von Elektronenbewegungen durch die Raumzeit gelang es Feynman, tatsächlich alle möglichen Wege eines Elektrons nachzuzeichnen und zu addieren. Dabei weist er jedem möglichen Weg eine komplexe Zahl zu, deren Summe die Wahrscheinlichkeit ergibt. So wird also die Summe aller Bahnen von A nach B berücksichtigt, wobei sich für makroskopische Objekte am Ende alle Bahnen bis auf eine aufheben.

Richard Feynman
Jahrhundertphysiker, Bonvivant, Sambamusiker. Geboren 1918 in New York, gestorben 1988. Promotion 1942 an der Princeton University. Er gehörte zum Team des Manhattan Projects unter der Leitung von J. Robert Oppenheimer, das die erste Atombombe entwickelte. Als Lehrer am California Institute of Technology in Pasadena war er außerordentlich beliebt wegen seiner innovativen Lehrmethoden und seines unkonventionellen Lebensstils. Für seine grundlegenden Beiträge zur Quantenelektrodynamik bekam er 1965 den Nobelpreis für Physik.

In den frühen Tagen der Atomphysik hatte Niels Bohr die Hypothese aufgestellt, Elektronen könnten den Atomkern nur in genau festgelegten Bahnen umkreisen. Unter dem quantenmechanischen Mikroskop betrachtet, erkennt man das Elektron auf seiner Umlaufbahn als Welle. Eine zulässige Bahn ist definiert durch ein ganzzahliges Verhältnis der Bahnlänge zur Wellenlänge des Elektrons. Bei zulässigen Wegen treffen bei jeder Umrundung die Wellenkämme aufeinander und addieren sich. Umlaufbahnen, bei denen sich Wellenkamm und Wellental gegenseitig aufheben, sind demnach unzulässig. (IGZ: 78) Akzeptiert man die von der Unschärferelation vorgegebene Einschränkung der Messgenauigkeit, erreichen die Vorhersagen der Quantenelektrodynamik jene phantastische Genauigkeit, die diese Theorie so erfolgreich werden ließ.

So bekamen die Physiker die kontraintuitiven Phänomene der Quantenwelt, wie etwa den Tunneleffekt, wenn schon nicht philosophisch, so doch wenigstens mathematisch in den Griff. Die Techniker bedankten sich bei den Theoretikern, indem sie deren Erkenntnisse in Transistoren und elektronische Schaltungen umsetzten, die Fernsehen und Computer überhaupt erst ermöglichten. Ohne die Quantenmechanik würden diese weltverändernden Technologien noch heute nur in der Ideenwelt nicht ernst genommener Spinner existieren. Und mit den Werkzeugen der Heisenberg'schen Unschärferelation und der Feynman'schen «Summe über alle Geschichten» sollte es Stephen Hawking gelingen, die wahre Natur der Schwarzen Löcher zu enträtseln und die Natur der Zeit neu zu interpretieren. (🕮 WpG)

Cambridge

Stephen Hawking verlor jetzt hin und wieder die Kontrolle über seine Sprache. Zu dem «Hawkinesisch» genannten Lispeln, das er mit dem Vater gemeinsam hatte, kamen nun also noch Artikulationsprobleme hinzu. Obwohl er spürte, dass hinter seinen gelegentlichen körperlichen Koordinationsschwächen eine ernst zu nehmende Krankheit stecken musste, behielt er seine Sorgen für sich und vertraute sich nicht einmal seiner Familie an.

Nach dem Abschlussexamen in Oxford brach er im Sommer 1962 mit einem Studienkollegen zu einer Reise in den Iran auf. Kurze Zeit später gab es ausgerechnet in dieser Gegend ein schweres Erdbeben, und unterwegs in Täbris ging es Stephen so schlecht, dass er die Reise unterbrechen und einen Arzt konsultieren musste. Nach seiner Rückkehr fand Mutter Isobel ihren Sohn in einer miserablen körperlichen Verfassung vor. Im Rückblick deutet sie die Strapazen der Busreise durch das Erdbebengebiet als einen Schub, der den Ausbruch der im Nervensystem ihres Sohnes lauernden Krankheit beschleunigt haben muss. (SHW: 64)

Cambridge University. Isaac Newton, berühmt geworden durch seine Prismaversuche und die Formulierung des Schwerkraftgesetzes, dem alle Materieteilchen im Universum gehorchen müssen, hatte hier gewirkt. Charles Darwin frönte als Student am Christ's College seiner Käfersammelleidenschaft und das Forscherteam James Watson und Francis Crick hatte neun Jahre vor Stephen Hawkings Ankunft im Oktober 1962 in genau diesen heiligen Hallen die Struktur des DNS-Moleküls entschlüsselt. 1919 war Arthur Eddington von hier aus zu seiner legendären Expedition aufgebrochen, um auf der westafrikanischen Insel Principe die Lichtablenkung ferner Sterne während einer totalen Sonnenfinsternis zu fotografieren. Mit den gewonnenen Daten bestätigte er Einsteins Vorhersage eines entsprechenden Gravitationseffekts, was eine triumphale Verifizierung der Allgemeinen Relativitätstheorie bedeutete. (▤ 42 f.)

Cambridge University: ein intellektuelles Erbe, das weniger selbstbewusste Neuankömmlinge einschüchtern musste. Doch in diesen Colleges war ohnehin nur die Weltelite der Lehrenden und Lernenden versammelt.

Die 1960er Jahre sollten sich als ein fruchtbares Jahrzehnt bahnbrechender astronomischer Entdeckungen und als Renaissancedekade der Allgemeinen Relativitätstheorie erweisen. Als nämlich ein Jahr nach Hawkings Studienbeginn die «Quasare» entdeckt wurden, die am weitesten von uns entfernten QUAsiStellARen Himmelskörper, gewann die Einstein'sche Gravitationstheorie, die über 40 Jahre lang eher ein Schattendasein geführt hatte, plötzlich wieder an Bedeutung. Sie allein konnte den Gravitationskollaps erklären, aus dem diese seltsamen Objekte entstanden sein mussten.

Hier sahen die Relativitätsforscher plötzlich eine Anwendungsmöglichkeit für eine andere merkwürdige Klasse kosmischer Objekte, die so genannten Schwarzen Löcher. Was war das Schicksal dieser ausgebrannten Sonnen? Im Sinfonieorchester der Allgemeinen Relativitätstheorie ergab sich aus dem delikaten Ensemblespiel von Vektoren, Energie-Impuls-Tensoren und der nichteuklidischen Raumzeitgeometrie ein erstaunliches Extremszenario: Eine sterbende Sonne, die ihren Kernbrennstoff aufgezehrt hat, kann unter gewissen Umständen so stark schrumpfen, dass ihr Schwerefeld gewaltig genug wird, um das eigene Licht so zu beeinflussen, dass es der eigenen Gravitationsfalle nicht mehr entkommen kann. Ein solcher Sonnenkadaver wäre perfekt getarnt: als schwarzes Loch im Weltall, das, für unsere Augen unsichtbar, mit seiner unglaublichen Anziehungskraft und mit enormem Appetit gnadenlos alles verschlänge, was ihm zu nahe käme. Es sollte Stephen Hawking vorbehalten bleiben, bei der Untersuchung Schwarzer Löcher eine überraschende Entdeckung zu machen.

Aber zunächst einmal hatte Hawking, ähnlich wie in Oxford, mit gewissen Anfangsschwierigkeiten zu kämpfen. Denn der berühmte Astronom Fred Hoyle war viel zu beschäftigt und in der ganzen Welt unterwegs, um – wie Stephen es sich erhofft hatte – sein Doktorvater sein zu können. Stattdessen geriet er in den Doktorandenkurs von Dennis Sciama, dessen Name ihm nichts sagte. Jetzt rächte sich auch schon sein nachlässiger Arbeitsstil, den er in Oxford gepflegt hatte, denn bei der Beschäftigung mit der anspruchsvollen Mathematik der Allgemeinen Relativitätstheorie geriet er recht bald an die Grenzen seines Könnens und lief Gefahr, den Überblick zu verlieren. Zu der persönlichen Krise seiner voranschreitenden Behinderung gesellte sich nun noch das Problem, ein angemessenes Dissertationsthema zu finden. (Bio: 73)

Dennis Sciama war Mathematikdozent in Cambridge und Stephen Hawkings Doktorvater, 1992

Am Silvesterabend 1962 fand eine Party im Haus der Hawkings statt. Auch dem Bekannten- und Freundeskreis der Familie waren die mit Stephens zunehmender Ungeschicklichkeit verbundenen Malheurs nicht verborgen geblieben. Es hatte sich herumgesprochen, dass der Cambridge-Doktorand ernsthaft krank sein musste, und manch einer war wie Tropenmediziner Frank Hawking der Meinung, er habe sich auf seiner Reise in den Vorderen Orient ein schlimmes Virus eingefangen. Im Laufe der Feier wurde ihm die Gymnasiastin Jane Wilde vorgestellt, die in St. Albans zur Schule ging und im nächsten Herbst ein Sprachenstudium beginnen wollte. Die beiden verstanden sich auf Anhieb prächtig, und es entwickelte sich eine enge Freundschaft.

In diesem strengen Winter sprach Mutter Isobel endlich ein Machtwort. Während der Weihnachtsferien hatte sie ihren Sohn überreden können, gemeinsam mit ihr auf dem zugefrorenen See Schlittschuh zu laufen. Er machte ihr die Freude, obwohl er wusste, dass es nicht gut gehen konnte. So stürzte er zwangsläufig und schaffte es nicht mehr, allein wieder auf die Beine zu kommen. Auf Drängen der Mutter vertraute er sich ihr an und eröffnete ihr die ganze Dimension seiner Behinderung. Auf ihre Initiative hin ließ er sich endlich vom Hausarzt untersuchen, der ihn an einen Spezialisten überwies. Kurz nach seinem 21. Geburtstag unterzog er sich in der Londoner Barts-Klinik verschiedenen Tests.

Die Ärzte rieten ihm, seine Studien in Cambridge wieder aufzunehmen, und teilten ihm kurz darauf die Diagnose mit. Er litt an einer seltenen, unheilbaren Krankheit, die ALS genannt wird: Amyotrophe Lateralsklerose. Sie schädigt das motorische Nervensystem und bringt die Steuerung von Muskelbewegungen durcheinander. Die Nervenzellen in der Hirnrinde und ihre Verbindungen zum Rückenmark degenerieren. Das führt zu Muskelschwund und allgemeiner Schwäche, unwillkürlichen Muskelzuckungen und Beeinträchtigungen im Bereich der Sprech-, Kau- und Schluckmuskulatur. Diese Art von Lähmung ist ein schleichend langsamer Prozess, der sich über Jahre hinzieht, bis er den ganzen Körper in Besitz genommen hat und der Patient schließlich am Versagen der Atemmuskulatur, an einer Lungenentzündung oder durch Er-

> Sie entnahmen meinem Arm eine Muskelprobe, pflanzten mir Elektroden ein, injizierten ein Kontrastmittel in meine Wirbelsäule und beobachteten meine Bewegungen auf dem Röntgenschirm, während sie das Bett kippten. Danach teilte man mir aber nicht mit, was ich hatte, nur dass es keine multiple Sklerose und ich ein atypischer Fall sei. Ich begriff jedoch, dass die Ärzte mit einer Verschlechterung meines Zustandes rechneten und nichts tun konnten […]. Allerdings war ich auch nicht in der Stimmung, nach Einzelheiten zu fragen, weil sie mit Sicherheit nicht erfreulich gewesen wären.
>
> Stephen Hawking 1987 in einem Vortrag vor der Englischen Gesellschaft für Muskelkrankheiten

sticken stirbt. Da ALS ausschließlich das motorische Nervensystem betrifft, wird die sinnliche Wahrnehmung nicht in Mitleidenschaft gezogen. Der Kranke kann ohne Beeinträchtigung sehen, hören, riechen und schmecken. Schmerz- und Berührungsempfindungen bleiben normal. Die Funktionen von Blase und Darm sind ebenfalls nicht gestört. Und auch die Großhirnrinde ist nicht betroffen, sodass sämtliche kognitiven Fähigkeiten erhalten bleiben. (💻 6)

Bei einer ALS-Diagnose muss der Arzt selbstverständlich auch die verkürzte Lebenserwartung ansprechen. Inzwischen aber gehört die Lebenserwartungsprognose von zwei Jahren, die der behandelnde Arzt nach den Tests abgegeben haben soll, unauflöslich zur mythischen Figur Stephen Hawking. In fast jedem Medienporträt Hawkings wird der Satz «Zwei Jahre gaben ihm die Ärzte noch» kolportiert und seinem jeweils aktuellen Alter gegenübergestellt. In Interviews dementiert und relativiert der Betroffene selbst diese Zahl aber auch nicht. Wäre die ärztliche Prognose zutreffend gewesen, hätte er um seinen 23. Geburtstag herum sterben müssen.

Vielleicht dient es der Wahrheitsfindung, die bei der Bildung zeitgenössischer Legenden ins Spiel kommende Reduzierung von Informationen auf ein mythoskompatibles Niveau in Betracht zu ziehen. Das hieße hier: Von allen Zahlen, die der Arzt an diesem Januarmorgen des Jahres 1963 tatsächlich erwähnte, überlebte nur die kleinste, weil sie die sensationellste war. Bei einer solch erschütternden Konfrontation mit dem eigenen Ende wäre die kühle Wahrhaftigkeit der Darstellung wohl das Letzte, was man von einem Einundzwanzigjährigen erwarten dürfte. So pflanzt sich diese Zahl fort und trägt zum Mythos bei. Vor diesem Hintergrund ist die differenzierte Erinnerung eines Oxforder Studienkollegen Hawkings umso erstaunlicher. Derek Powney erzählt: «Man hatte ihm gesagt, dass die Krankheit unheilbar sei und dass sich ihr Verlauf überhaupt nicht vorhersagen lasse. Sie könne für längere Zeit zum Stillstand kommen, sie bessere sich nicht, könne aber Pausen einlegen, und es lasse sich nicht sagen, ob er in sechs Monaten oder zwanzig Jahren sterben würde. Doch da er die Krankheit in sehr viel jüngeren Jahren bekommen hatte als die meisten anderen Patienten, nahm man an, sie werde eher rascher als langsamer verlaufen.» (SHW: 67)

Der Todgeweihte gab sich zunächst seinen Depressionen hin. Was hatte es noch für einen Sinn, sich auf seine Dissertation vorzubereiten, wenn kaum die Aussicht bestand, sie jemals vollenden zu können? Also zog er sich in sein Schneckenhaus zurück und versank in Richard Wagners Schwermutsklängen. Als großes Glück im Unglück empfand es seine Mutter, dass die Beziehung zu Jane Wilde nicht unter den schrecklichen Aussichten litt. Im Gegenteil: Jane fühlte sich sehr zu Stephen hingezogen. Die beiden waren offensichtlich verliebt, und bald darauf verlobten sie sich. Es sah so aus, als sähe Jane es als ihre Lebensaufgabe an, sich um ihn zu kümmern: «Ich gelangte zu einer Entscheidung und hielt an ihr fest. Er war ungeheuer entschlossen, sehr ehrgeizig. Genau wie heute. Er befand sich bereits im Anfangsstadium seiner Krankheit, als ich ihn kennen lernte. Deshalb habe ich nie einen gesunden, nicht behinderten Stephen gekannt.» (Wiz)

Schon bald besuchte sie ihn an den Wochenenden in Cambridge. Dort lernte sie die anderen Doktoranden aus Dennis Sciamas Kurs kennen, mit denen ihr Verlobter zusammenarbeitete und befreundet war: George Ellis, Brandon Carter und Martin Rees. Diese kleine verschworene Gemeinschaft von Relativitätsspezialisten traf sich im Teeraum des Fachbereichs für angewandte Mathematik und theoretische Physik (DAMTP – Department of Applied Mathematics and Theoretical Physics). Sie diskutierten ihre thematisch verwandten Projekte und gingen gemeinsam ins Kino, in Konzerte und um die Häuser.

Die Verlobung mit Jane Wilde gab dem jungen Physiker neuen Lebensmut, sodass er allmählich auch seine Dissertation besser in den Griff bekam. Durch die neuen Lebensumstände wandelte sich seine Arbeitsmoral radikal. Im Gegensatz zu seinem Studium in Oxford, wo ihn alles gelangweilt hatte, war ihm plötzlich seine Arbeit jede Mühe wert. Er erkannte, dass sein Doktorvater Dennis Sciama ein weiterer Glücksfall in dieser schweren Zeit war, denn die Betreuung ließ nichts zu wünschen übrig. Die beiden sahen sich täglich, und Sciama tat alles, um seinem Schützling die besten Arbeitsbedingungen zu ermöglichen. Dazu gehörten gegen Ende von Hawkings zweitem Postgraduiertenjahr regelmäßige Trips nach London, wo der Mathematiker Roger Penrose am King's College ein Seminar über sein so genanntes Singularitätstheorem abhielt.

Aus den Feldgleichungen der Allgemeinen Relativitätstheorie hatte J. Robert Oppenheimer in den 1930er Jahren eine moderne Theorie für den Zustand ausgebrannter Sterne von der mehrfachen Masse unserer Sonne entwickelt. Sie fallen unter dem Einfluss ihrer eigenen Schwerkraft in sich zusammen. In diesem «Gravitationskollaps» genannten Szenario schrumpfen sie auf eine vergleichsweise winzige Ausdehnung und entwickeln dabei ein so starkes Gravitationsfeld, dass ihre Schwere nicht einmal mehr das Licht entkommen lässt. Manche dieser Schrumpfobjekte haben einen Radius von nur fünfzehn Kilometern, aber eine Dichte von Hunderten von Millionen Tonnen pro Kubikzentimeter.

Der Begriff «Schwarzes Loch» existierte 1964 noch nicht, aber Roger Penrose beschäftigte sich mit dem Zustand im Inneren solcher Sonnenleichen und gelangte dabei zu wegweisenden Erkenntnissen. Denn obwohl die Relativitätstheoretiker wussten, dass ihre Lehre derart seltsame Objekte vorhersagte, glaubte niemand so recht an ihre Existenz. Hinzu kam, dass an dem Punkt, wo der sterbende Stern das Volumen Null sowie eine unendliche Dichte erreichte, eine «Singularität» entstehen sollte, eine extrem gekrümmte Raumzeitregion, in der die Zeit nicht mehr existiert, die Naturgesetze nicht mehr gelten und Einsteins Gravitationstheorie versagt.

So war es nur allzu verständlich, dass Physiker, die mit der Allgemeinen Relativitätstheorie arbeiteten, nichts von den Grenzen ihrer eigenen Theorie wissen wollten und die Existenz der bizarren Schwerkraftfallen ins Reich der astronomischen Fabeln verwiesen. Roger Penrose aber gelang es, die Singularität im Inneren Schwarzer Löcher mathematisch zu beweisen: Stirbt ein Stern im Gravitationskollaps, dann endet für ihn die

Roger Penrose war der zweite Gutachter von Hawkings Dissertation und arbeitete danach eng mit Hawking zusammen an den Singularitätstheoremen für den Anfang des Universums und der Zeit. In Oxford, 1980

Raumzeit, und das Licht kann nicht mehr entkommen.

Als das Doktoranden-Quartett und ihr Mentor Dennis Sciama eines Abends wieder einmal in London in den Zug nach Cambridge stiegen, kam Stephen Hawking die entscheidende Idee, die seinen weiteren Lebensweg langfristig prägen und kurzfristig seine Dissertation retten sollte. Angeregt durch Penrose, stellte sich Hawking die Frage, ob es vielleicht auch eine Singularität in der Geschichte des Universums gegeben hatte, die den Anfang der Zeit markierte. Nun bot Roger Penrose innovative mathematische Verfahren zur Berechnung einer solchen Singularität an. Da lag der Gedanke nahe, ob er nicht das Singularitätstheorem von Penrose anwenden könnte, um den Ursprung des Universums zu verstehen.

Im Rückblick erinnert sich Dennis Sciama an die Situation im Zug, als Hawking ihn mit diesem Einfall konfrontierte: «[...] er dachte, wenn man die Zeitrichtung umkehrt – nur in Gedanken – kann man sich das expandierende Universum als ein kollabierendes System vorstellen, etwa so als würde ein ungeheuer großer Stern in sich zusammenstürzen. Und es gelten die gleichen Gesichtspunkte: Wenn das Universum bei dieser Zeitrichtung kollabiert, gelangt es zu einer Singularität.» (SHW: 98)

Als Stephen Hawking 1965 schließlich seine Dissertation zur Begutachtung vorlegte, war ihm die Übertragung des Penrose'schen Singularitätstheorems zu einem Meisterwerk geraten. Ein mathematisches Verfahren zu entwickeln, um die Befindlichkeit einer Sternenleiche zu errechnen, deren Existenz überhaupt noch nicht nachgewiesen war, mag einem Laien schon abenteuerlich vorkommen. Insofern war Penroses Theorem bereits ein spektakulärer Entwurf. Doch wie viel Selbstbewusstsein und Weitsicht brauchte es wohl, um dieses Theorem auf das gesamte Universum anzuwenden? Stephen Hawking schien mit der Arbeit zur Erlangung der Doktorwürde seine Krise bewältigt zu haben.

Das Schlusskapitel der Dissertation enthielt sein erstes Singularitätstheorem für den Anfang des Universums. In letzter Konsequenz bedeutete es, dass die Allgemeine Relativitätstheorie für den Anfang des Universums keine Aussagen machen konnte. Wo sie sonst eine Beziehung zwischen der Raumzeitkrümmung und der Verteilung von Masse und Energie herstellen kann, versagt sie im Extremfall einer Singularität. Das galt sowohl für den Gravitationskollaps eines Sterns als auch für den Anfang des Universums. War die moderne Physik tatsächlich nicht in der Lage, etwas über den Anfang des Universums auszusagen, oder gab es irgendeine Ergänzung für die offensichtlich unvollständige Allgemeine Relativitätstheorie?

Big Bang

Im selben Jahr, als Stephen Hawking sich der Singularität am Anfang des Universums zuwandte, kam der Anfang vom Ende für eine Theorie, die der in Cambridge lehrende Astronom Fred Hoyle zusammen mit dem Mathematiker Hermann Bondi ausgearbeitet und «Steady State»-Modell genannt hatte. Dabei ging er von einem stationären, also unwandelbaren Zustand eines Universums ohne Anfang oder Ende in der Zeit aus. Er berücksichtigte die 1929 von Hubble entdeckte Expansion des Universums und stellte sich vor, dass beim Auseinanderdriften der Galaxien ständig neue Materie in den Lücken dazwischen entstünde, sodass die Materiedichte erhalten bliebe und das Universum zu jedem Zeitpunkt und an jedem Ort gleich aussähe. Hoyle war der Ansicht, dass diese Materie ständig aus dem Nichts geschaffen werde. (IGZ: 62 f.)

Sir Fred Hoyle war in den 1960er Jahren Englands berühmtester Astronom. Er entwickelte u. a. die damals sehr einflussreiche «Steady State»-Theorie des Universums. Foto von 1982

In einer groß angelegten Untersuchung von Radiogalaxien sammelte ein Forscherteam unter der Leitung von Martin Ryle ausgerechnet an Hoyles Wirkungsstätte in Cambridge Daten, die die Grundannahmen der Steady-State-Theorie widerlegten.

Die Astronomen hatten die Verteilung von Radioquellen im All bestimmt. Wie weit sind diese Quellen von uns entfernt? Wie nimmt ihre Anzahl zu, wenn man tiefer und weiter ins All hinausblickt? Da ein Blick in die Ferne immer auch ein Blick zurück in die Zeit ist, lasen die Radioastronomen sozusagen im großen Geschichtsbuch des Weltalls: Gab es früher mehr Radioquellen als heute? Oder weniger? Oder, wie es die Steady-State-Theorie fordern musste, haargenau gleich viele? Die Antwort war eindeutig: Im Laufe der Evolution des Weltalls hatte sich die Dichte der Radioquellen messbar verändert. Damit war schon einmal die Grundannahme der Steady-State-Theorie widerlegt.

Das Bedürfnis nach einer unwandelbaren Welt schien groß zu sein. Wir erinnern uns an Albert Einstein, der bei der Entwicklung der Allgemeinen Relativitätstheorie herausfand, dass seine Feldgleichungen eine Expansion oder Kontraktion des Universums vorhersagten. Da aber ein in Bewegung befindliches Weltall mit seinen Vorstellungen eines statischen Universums kollidierte, führte er eine Größe in das Formelwerk ein, die der Expansionskraft entgegenwirkte. Als dann Ende der 1920er Jahre Edwin Hubble die Ausdehnung der Raumzeit entdeckte, schlug sich der große Physiker an die Brust und bezeichnete die so genannte kosmologische Konstante als «größte Eselei meines Lebens».

Die Untersuchung der Radiogalaxien von Martin Ryle bestätigte die Befürworter einer anderen Theorie über die Evolution des Universums. Die beruhigende Idee von einer Welt im ewigen Gleichgewicht sowie einer kontinuierlichen Schöpfung neuer Galaxien im Laufe der Raumzeitexpansion war nicht länger aufrechtzuerhalten. Wieder einmal war es den Astronomen gelungen, ein bisschen tiefer in die Vergangenheit des Universums zurückzuschauen (▤ 24), denn das Licht der beobachteten Galaxien hatte eine Milliarde Jahre gebraucht, um die Erde zu erreichen. Und was sie dort sahen, sprach für eine allmähliche Entfaltung des Universums in der Zeit.

Als Edwin Hubble durch sein Zweimeterteleskop an der Mount-Wilson-Sternwarte schaute, bekam er den Eindruck, als bewegten sich die Galaxien bei zunehmender Entfernung von der Erde mit proportional größerer Geschwindigkeit fort. Dieser Schluss lag zwar auf der Hand, ging aber streng genommen knapp an der Wahrheit vorbei. In Wirklichkeit war es die Raumzeit selbst, die sich wie die Hülle eines immer weiter aufgeblasenen Luftballons ausdehnte. Stellt man sich die Galaxien als Farbkleckse auf der Gummihaut des Ballons vor, dann entfernen die sich voneinander, wenn das Volumen des Luftballons zunimmt. (IGZ: 56)

Bei diesem Szenario lag der Gedanke nahe, sich die früheste Vergangenheit des Universums so vorzustellen, dass die Galaxien einmal näher beieinander und enger zusammengeballt waren. Vielleicht bildeten sie ja ganz zu Anfang eine einzige zusammenhängende, superdichte Masse. Dachte man dieses Konzept konsequent zu Ende, dann musste es einen Zeitpunkt von unendlicher Materiedichte und Raumzeitkrümmung gegeben haben, aus dem das Universum mit einer ungeheuren Explosion hervorgegangen war. Diese Evolutionstheorie des Universums setzte sich als «Urknall-Modell» durch.

Pikanterweise war es Fred Hoyle, der der Theorie unfreiwillig diesen buchstäblich durchschlagenden Namen gab. Der weltberühmte Astronom, der auch nach dem Radioquellen-Scan seines Cambridger Kollegen Martin Ryle an eine Fehlinterpretation der Daten glaubte und an seiner Steady-State-Theorie festhielt, hatte sich in einem Rundfunkinterview über das Modell der spontanen Entstehung des Universums aus einem Zustand unendlicher Dichte lustig machen wollen und von einem «Big Bang», einem großen Knall, gesprochen. Der Ausdruck verfehlte seine Wirkung

Wichtige Entdeckungen, die die Existenz Schwarzer Löcher nun doch wahrscheinlich werden ließen, erlebte Stephen Hawking hautnah auf dem Cambridger Campus mit:
- 1963, zu Beginn seines Postgraduiertenkurses, die Entdeckung der Quasare,
- im Dissertations- und Hochzeitsjahr 1965 den Radioquellen-Scan von Martin Ryle und
- 1967, dem Geburtsjahr seines ersten Sohns, den ersten Nachweis von Pulsaren.

Die graue Theorie der modernen Kosmologie, die auf der Allgemeinen Relativitätstheorie gründete, mauserte sich dank verbesserter Radioteleskope zu einer veritablen Beobachtungswissenschaft.

auf die Forschergemeinde nicht, wenngleich Hoyle keinesfalls beabsichtigt hatte, damit das Markenzeichen eines Erfolgsprodukts zu prägen, das seine eigene Theorie völlig verdrängen sollte.

Zu einem etwas kleineren Knall kam es zwischen Fred Hoyle und Stephen Hawking am Rande einer Versammlung der Royal Society in London. Während der Doktorand noch den Schock der ALS-Diagnose verkraften musste und seine eigene Arbeit nicht so recht in Schwung kommen wollte, brütete im Büro neben Hawking der Hoyle-Schützling Jayant Narlikar über den Gleichungen der Steady-State-Theorie. Angeregt von den Details, die er im Gespräch mit Narlikar und beim Blick auf die Formeln aufschnappte, hatte sich Stephen eine Zeit lang mehr dem Hoyle'schen Modell als seinem eigenen Projekt gewidmet, das er lustlos vor sich her schob.

Wenig später gab Hoyle also vor der Royal Society die Resultate einer neuen Arbeit bekannt, ohne sie zuvor von einem Gutachter verifiziert haben zu lassen. In der Diskussion, die dem Vortrag Hoyles folgte, düpierte der Emporkömmling Hawking den renommierten Astronomen:

«‹Die Größe, von der Sie sprechen, divergiert›, sagte er.

Ein leises Murmeln lief durch die Reihen der Zuhörer. Die versammelten Wissenschaftler begriffen augenblicklich, dass Hoyles letzte Behauptungen falsch sein mussten, wenn Hawking Recht hatte.

‹Natürlich divergiert sie nicht›, entgegnete Hoyle.

‹Sie tut es doch›, lautete Hawkings herausfordernde Erwiderung.

Hoyle hielt inne und ließ seinen Blick einen Moment lang über das erwartungsvoll schweigende Publikum schweifen. ‹Woher wissen Sie das?›, fragte er scharf.

‹Weil ich darüber gearbeitet habe›, sagte Hawking langsam.» (Bio: 83)

Und er hatte Recht. Schließlich veröffentlichte er einen Artikel, in dem er die Kritik an den Hoyle'schen Berechnungen wiederholte und sich als hoffnungsvoller Nachwuchswissenschaftler empfahl.

Es waren nicht allein die Ryle'schen Ergebnisse, die der Steady-State-Theorie den Garaus machten. In diesem auch für Stephen Hawking so ereignisreichen Jahr 1965 wurde noch eine weitere wichtige Entdeckung gemacht, die dem Urknall-Modell des Universums den Rücken stärkte: die Existenz der Mikrowellen-Hintergrundstrahlung. Stellt man sich den Urknall bildhaft als gewaltiges Strahlungsfeuerwerk vor, dann ist die heute noch detektierbare Hintergrundstrahlung ein unmittelbares Überbleibsel dieses Ereignisses. Die Mikrowellen sind, wenn man so will, die letzten noch schwelenden Rauchschwaden des Urknallfeuers. Denn geht man von einer dynamischen Evolutionstheorie des Universums aus, dann begann die Raumzeit vor etwa 13,5 Milliarden Jahren in einer unvorstellbar heißen dichten Anfangsphase. Seitdem dehnte sich die Raumzeit ständig aus und kühlte allmählich ab. Auch die Wellen der Restwärmestrahlung dehnten und verteilten sich gleichmäßig in den Weiten des Universums. Sie erkalteten ebenfalls zusehends. Der Abkühlungsprozess ist mittlerweile bei einem Wert von unter 3 Grad Kelvin angelangt. Das sind ein paar Grade über dem absoluten Nullpunkt von minus 273 Grad Celsius.

Aus den ursprünglichen Gammastrahlen wurden so im Laufe der Zeit Mikrowellen mit einer Wellenlänge von etwa einem Millimeter. Die findet man auch in der Kommunikationstechnik wieder. Wenn Sie Ihren Fernseher auf einen leeren Kanal einstellen, dann stammen ein paar der dort auf dem Bildschirm tanzenden Punkte aus den Tiefen des Weltalls. Obendrein ist die Hintergrundstrahlung – wie Stephen Hawking in seiner *Darwin Lecture* an der Universität Cambridge vom Januar 1991 bemerkte, *die gleiche Art Strahlung, die Sie in einem Mikrowellenherd nutzen, nur sehr viel schwächer. Sie würde Ihre Lebensmittel nur auf 2,7 Grad über dem absoluten Nullpunkt erwärmen – also nicht genug, um Ihre Tiefkühlpizza kross zu backen.* (EiT: 145)

Obwohl einige Forscherteams bereits seit Beginn der 1960er Jahre mit verbesserten Radioteleskopen ernsthaft auf der Suche nach der «kosmischen Hintergrundstrahlung» waren, stand dieses spezielle Ziel nicht auf der Wunschliste der beiden Physiker Arno Penzias und Robert Wilson. Sie wollten lediglich einen neuen Detektor aus den berühmten Labors der Firma Bell testen, der die Mikrowellen eines Echosatelliten aus 1600 Kilometer Höhe empfangen sollte. Das Gerät erwies sich als derart empfindlich, dass es auch ein störendes Rauschen aufzeichnete, das sich einfach nicht eliminieren ließ, egal in welche Richtung sie die hornförmige Schüssel hielten. Ein Jahr lang beobachteten sie das Phänomen der unerwünschten zusätzlichen Mikrowellenstrahlung, die stets unverändert blieb und sich auch nicht von der Erdrotation beeindrucken ließ. Da sie alle Fehlerquellen ausgeschlossen hatten und nicht mehr weiter wussten, wandten sich Penzias und Wilson an den Astronomen Robert Dicke von der Princeton University, der als Mikrowellenfachmann galt. Aus ihrer Schilderung des Störgeräusches erkannte er sofort, dass die beiden Bell-Physiker eine nobelpreiswürdige Entdeckung gemacht hatten. Die kon-

Arno Penzias (links) und Robert Wilson vor der Hornantenne in Holmdel, New Jersey, mit der sie völlig unbeabsichtigt den Mikrowellenhintergrund entdeckten.

stante Mikrowellenstrahlung verdankte ihre Gleichförmigkeit ihrem exorbitant raumzeitfernen Ursprung. Es war der 3 Grad Kelvin kalte «Rauch» des Urknallfeuers. Bis dahin hatte Dicke geglaubt, das beste Radioteleskop der Welt gebaut zu haben. Mit ihm hatte er vergeblich gesucht, was Penzias und Wilson völlig unabsichtlich gefunden hatten: die Mikrowellen-Hintergrundstrahlung als fossile Spur und letztes Zeugnis vom Anfang der Zeit und jeglicher Existenz. (EDM: 58–69)

Der Urknall galt nun als Anfang des Universums und der Zeit. Musste sich die Physikergemeinde mit mathematisch nicht akzeptablen Ergebnissen wie den Unendlichkeiten von Dichte und Raumzeitkrümmung tatsächlich abfinden? War der Urknall also ein singuläres Ereignis, bei dem die Allgemeine Relativitätstheorie keine Gültigkeit hatte? Oder war als Ursprung des Universums eine andere Lösung denkbar, in der die Galaxien nicht so unvorstellbar dicht komprimiert, sondern auf irgendeine Weise anders im Raum verteilt gewesen waren? Mit diesen Fragen wollte sich der frisch gebackene Doktor Stephen Hawking nun näher befassen.

Angeblich hat Stephen Hawking selbst nicht mehr als ein halbes Dutzend Mal durch ein Teleskop geschaut. Das war während seines Grundstudiums in Oxford, und seitdem hat ihn praktische Astronomie nie wieder sonderlich interessiert. Er fand die theoretische Physik wesentlich spannender. Jetzt, da er bereits auf einen Gehstock angewiesen war, offenbarte sich seine Vorliebe als ein Segen, denn mit fortschreitender Behinderung hätte er als Experimentalwissenschaftler bald keine Chance mehr gehabt, seinen Beruf auszuüben.

Der private Höhepunkt des aufregenden Jahres 1965 war zweifellos die Hochzeit mit Jane Wilde im Juli. Das junge Paar hatte beschlossen zu heiraten, nachdem Stephens Bewerbung um ein weiteres Forschungsstipendium am Caius College in Cambridge positiv beschieden worden war. Es war verbunden mit einem so genannten «Fellowship» für theoretische Physik, was als hohe Auszeichnung gilt, denn ein Fellow hat das Recht, sich ohne Lehrverpflichtung ganz auf sein persönliches Forschungsgebiet zu konzentrieren: eine ideale Voraussetzung für die Arbeit an seinem Singularitätstheorem und eine weitere Sprosse hinauf auf der akademischen Karriereleiter. Die Braut studierte zu dieser Zeit im dritten Jahr Sprachwissenschaft am Westfield College in London. (Bio: 109)

Die kirchliche Trauung fand in der Kapelle des Trinity College statt. Zu der anschließenden Familienfeier waren rund hundert Leute eingeladen. Das Geld reichte gerade noch für eine einwöchige Hochzeitsreise nach Suffolk, und danach stand ein Sommerkurs in Allgemeiner Relativitätstheorie an der Cornell University im Staat New York auf dem Programm. Auch wenn es aufgrund der beengten Räumlichkeiten im Wohnheim der Universität zu ersten Spannungen mit Jane kam, so war doch die Kontaktaufnahme zu einigen der berühmtesten Relativitätstheoretiker der Welt eine wichtige Erfahrung für den neuen Fellow des Caius College.

Jane Wilde und Stephen Hawking bei ihrer Hochzeit, 1965. Links Hawkings Eltern, rechts die seiner Frau

Zurück in Cambridge, fand das junge Paar nach einigem Suchen ein winziges, aber ideal gelegenes Haus, nur hundert Meter vom Institut für theoretische Physik entfernt, in der Little St. Mary's Lane. Die Nähe zum Arbeitsplatz war ein glücklicher Umstand, denn Stephens Muskelschwund war bereits so weit fortgeschritten, dass die Gehstöcke gegen Krücken ausgetauscht werden mussten. Auch war es Stephen nicht mehr möglich, seine eigenen Arbeiten abzutippen. Seine junge Frau bewältigte ihr Studium in London, am Wochenende die Haushaltsführung in Cambridge, die Pflege ihres behinderten Mannes und den Job einer Privatsekretärin mit bewundernswerter Energie und Bravour. Für die schmale Wendeltreppe hinauf ins Schlafzimmer brauchte Hawking inzwischen bereits eine Viertelstunde. Eisern lehnte er es ab, sich helfen zu lassen, was Jane und dem Freundeskreis oftmals ein hohes Maß an Geduld abforderte. Ansonsten aber galt das Haus der Hawkings als fröhlicher, gastfreier Ort, an dem stets etwas los war und die Luft noch immer von der altvertrauten Wagnermusik in Schwingung versetzt wurde. Die neue Jugendkultur, die Musik der Beatles, Rolling Stones und der Who, die gerade die Welt im Sturm eroberte, war hier verpönt.

Obwohl Jane sich bei der Entscheidung zur Heirat darüber im Klaren gewesen war, dass sie das Schicksal eines «Arbeitstiers» gewählt hatte und wahrscheinlich nie ihren Lehrerberuf würde ausüben können, war es eine Herzensangelegenheit und ein ernstes Versprechen gewesen. Sie wusste, worauf sie sich einließ. Dennoch muss es hin und wieder bitter für sie gewesen sein zu sehen, wie ihr Mann wissenschaftliches Ansehen und bald auch Ruhm und Preise anhäufte und sie selbst nach bestandenem Examen der Doppelbelastung einer Haushälterin und Pflegerin ausgesetzt war. 1967 kamen noch Mutterpflichten hinzu. Denn entgegen allen Prognosen zu den Folgen seiner schweren Muskelschwundkrankheit kam in diesem Jahr der erste Sohn Robert zur Welt.

Inzwischen galt Hawking in den akademischen Kreisen von Cambridge als intellektuelles Schwergewicht und war berühmt-berüchtigt für seine schnörkellosen Debatten mit arrivierten Physikern und seine respektlosen Repliken bei öffentlichen Vorträgen. Im Dezember 1965 stellte er, kaum dass seine Dissertation fertig war, auf einer Relativitätskonferenz in Miami sein Singularitätstheorem vor, wo es begeisterte Aufnahme fand. 1966 gewann er den Adams-Preis für einen Aufsatz mit dem Titel *Singularitäten und die Geometrie der Raumzeit.* Manch junger Bewunderer sprach schon hinter vorgehaltener Hand von dem «neuen Einstein». Stephen Hawking selbst hat gewiss nie unter mangelndem Selbstbewusstsein gelitten. Doch den Vergleich mit Einstein lehnt er strikt ab und verweist darauf, dass es immer andere waren, die diese peinliche Gleichrangigkeitsparade inszeniert hätten.

Zwischen 1965 und 1970 ergab sich eine intensive Zusammenarbeit zwischen Stephen Hawking und Roger Penrose, der als Gutachter für die Dissertation Hawkings bestellt worden war. (RuZ: 17) Beide nahmen die Einstein'schen Feldgleichungen ernst genug, um deren exotischste Vorhersage mit Penroses neuem mathematischen Ansatz zu überprüfen: die Existenz von Raumzeitsingularitäten und – als denkbar destruktivste Form der Selbstbezüglichkeit – das Versagen der Allgemeinen Relativitätstheorie bei solchen «mathematisch pathologischen Ereignissen». (GöF: 180) Roger Penrose hatte gezeigt, dass der Gravitationskollaps eines Sterns zu einer unendlichen Raumzeitkrümmung und somit zu einer Singularität in seinem Inneren führt. Nun lag durch Stephen Hawkings Arbeit über den Anfang des Universums das gleiche Resultat vor. Denn kehrte man in Gedanken die Zeitrichtung der Raumzeitexpansion um, gelangte man ebenfalls unweigerlich zu einem Punkt unendlicher Raumzeitkrümmung und Materiedichte.

Dadurch ergab sich eine seltsame Symmetrie zwischen beiden Ergebnissen: Die Expansion der Raumzeit aus der Anfangssingularität des Urknalls schien das Spiegelbild der Kontraktion von Materie und Raumzeit im Gravitationskollaps eines Sterns zu sein, der zum Schwarzen Loch mutiert. Penrose und Hawking schafften es in diesen fünf Jahren, auf der Grundlage der Allgemeinen Relativitätstheorie Penroses innovative mathematische Verfahren weiterzuentwickeln, die den Beweis dafür lieferten, dass die Umstände der Entstehung eines Schwarzen Lochs ein Spiegelbild des Urknalls sind. Wenn die Vorhersagen der Allgemeinen Relativitätstheorie also zutreffend sind und eine genaue Beschreibung des großmaßstäblichen Universums liefern, dann nehmen Raum und Zeit ihren Anfang in einer Urknallsingularität, einem rational nicht definierbaren mathematisch pathologischen Ereignis, für das die Theorie keinerlei Aussagen machen kann und die Naturgesetze nicht mehr gelten. Was vor dem Urknall geschehen sein mochte, bleibt uns (vermutlich für immer) durch den dichten Schleier der Singularität verborgen. Die Existenz von Zeit vor diesem Punkt zu postulieren ist sinnlos, da sie für Wesen wie uns, die in der Raumzeit leben, keinerlei Bedeutung haben kann. Wenn aber die Zeit mit dem Urknall beginnt, dann endet sie in der Finsternis eines Schwarzen Lochs. Es liegt nahe, diese Dunkelheit «ewig» zu nennen, doch wie könnte ein Ereignis ewig sein, das das Ende der Zeit beschreibt? (🕮 GKo)

Nach der ersten Periode dieser fruchtbaren Zusammenarbeit mit Roger Penrose trat für Hawking eine tief greifende Zäsur ein. Die Krankheit hatte sich bisher zwar langsam, aber stetig entwickelt. Auf den Gehstock folgten Krücken, und Ende der 1960er Jahre war es so weit, dass er diese gegen einen Rollstuhl austauschen musste. Er sträubte sich lange gegen die fatale Endgültigkeit der Entscheidung, zu der ihn die Krankheit zwang. Freunde und Familienmitglieder hatten ihn schon länger zu überzeugen versucht, dass es notwendig sei. Als er sich schließlich ins Unvermeidliche fügte, arbeitete er mit großer Entschlossenheit daran, das Beste daraus zu machen. So erkannte er zum Beispiel sofort, dass er mit dem Rollstuhl letztlich schneller unterwegs war als zuvor. Und selbst eine rudimentäre Form des Tanzens war ihm jetzt möglich. Er, der als junger Erwachsener vor dem Ausbruch von ALS so leidenschaftlich gern getanzt hatte und diese Aktivität schmerzlich vermisste, konnte jetzt während der Studentendiscos bis tief in die Nacht hinein seine Runden über die Tanzfläche ziehen.

Lange bevor es zum Begriff wurde, praktizierte er in vorbildlicher Weise positives Denken.

Seit 1968 hatte er ein eigenes Büro am Institute of Astronomy, das ihm die Mitarbeiter unter der Leitung des Radioastronomen Simon Mitton so behindertengerecht wie möglich eingerichtet hatten. Das Institut befand sich in einem Vorort von Cambridge, mit seinem Rollstuhl konnte er es nicht erreichen. Deshalb besorgte er sich ein dreirädriges motorisiertes Vehikel für Körperbehinderte. (Bio: 140) Auch wenn er auf die Institutsmitarbeiter so manches Mal unduldsam und gereizt wirkte, verlor er im Großen und Ganzen dennoch nicht seinen Humor, sondern blieb angesichts seiner Lähmung erstaunlich heiter und gelassen. Das Wichtigste für ihn war, dass sein Verstand einwandfrei funktionierte. Auch wenn also alle mit der Krankheit verbundenen Schwierigkeiten bei der Berufsausübung überwältigend schienen: Sein «Handwerkszeug» war optimal in Schuss, sodass alle mit der Hinfälligkeit seines Körpers verbundenen Probleme lösbar erschienen.

Die sprachliche Kommunikation wurde extrem schwierig. Nur noch wenigen engen Freunden und Mitabeitern gelang es, ihn zu verstehen. Und auch sie schafften dies nur mit angestrengter Konzentration. Wenn man ihm nicht unmittelbar gegenübersaß und seine Lippenbewegungen mitverfolgen konnte, war eine Verständigung fast unmöglich. Aber auch in dieser Hinsicht blieb Hawking hartnäckig. Er bestand darauf, sich normal zu unterhalten, und verbat sich gut gemeinte Gesprächstaktiken, die etwa darauf abzielten, seine Antworten auf ein Ja oder Nein zu reduzieren.

Erhebliche Probleme bei der Bewältigung der komplexen relativistischen Mathematik bereitete ihm der Umstand, nicht mehr mit der Schreibmaschine oder auch nur handschriftlich arbeiten zu können. Er war ganz allein auf die Speicherkapazität seines vorzüglichen Gedächtnisses angewiesen und musste sich anspruchsvolle Memorierungstechniken aneignen. Offensichtlich bereitete es ihm schon bald keine Schwierigkeiten mehr, zum Beispiel Gleichungen mit vierzig Termen in der richtigen Reihenfolge aus dem Gedächtnis abzurufen.

An drei Vormittagen in der Woche arbeitete er am Institut für Astronomie. Mit zunehmender Reputation wurde sein Büro im Laufe der Jahre zu einem Treffpunkt für Wissenschaftler aus aller Welt, die die neuesten Entwicklungen in der Astronomie mit dem jungen Genie diskutieren wollten. Die Welt kam zu ihm, aber er revanchierte sich auch dafür. Die Einladungen zu Vorträgen und Kongressen rund um den Globus häuften sich. Er nahm sie fast alle an und ließ sich von seiner Behinderung nicht abschrecken, obwohl die Flugreisen mit Rollstuhl ein nicht unerhebliches logistisches Problem darstellten.

Hawking-Strahlung

1969 prägte der amerikanische Physiker John Wheeler den Begriff Schwarzes Loch für ein stellares Objekt, das seinen Kernbrennstoff verbraucht hat, dem Druck der eigenen Schwerkraft also keine Wärmebewegung mehr entgegensetzen kann und deshalb kollabiert. Er hatte es satt, im Gespräch und bei Vorträgen über diese «durch Gravitation völlig kollabierten Objekte» (SHW: 103) ständig genau diese monströse Umschreibung zu verwenden. Ähnlich wie Fred Hoyles «Big Bang», zu Deutsch Urknall, setzte sich Wheelers Schwarzes Loch sofort durch. Wissenschaftler, Science-Fiction-Autoren und Boulevardpresse nahmen den Terminus in seltener Einmütigkeit auf, wenngleich die Vorstellungen dieser Gruppen in nicht unerheblichem Maße voneinander abwichen.

Ein Jahr nach Wheelers sprachlichem Coup verlagerte Stephen Hawking seine Aufmerksamkeit von der Singularität im Inneren des Schwarzen Lochs auf dessen Oberfläche. Im Laufe der nächsten vier Jahre sollte er eine Entdeckung machen, die alle Vorstellungen von Schwarzen Löchern auf den Kopf stellte und dem behinderten Astrophysiker zu Weltgeltung verhalf. 200 Jahre zuvor hatte der Gelehrte John Michell die ersten Gedanken zu den bizarren Himmelskörpern veröffentlicht. Er hatte sich 1783 bei seinen Vorstellungen von Ole Rømers Entdeckung leiten lassen, dass die Lichtgeschwindigkeit nicht unendlich ist, was den Gedanken zuließ, dass eine ausreichend starke Schwerkraft das Licht womöglich abbremsen könnte, wenn man von dessen Teilchencharakter ausging.

Albert Einstein hat in seiner Arbeit über den Photoeffekt (▤ 56) gezeigt, dass ungeachtet der enorm erfolgreichen Maxwell'schen Wellentheorie das Licht auch diesen Teilchenaspekt besitzt. Damit trat er jene Lawine los, die heute Quantenmechanik genannt wird und uns das Paradoxon der Welle-Teilchen-Dualität beschert hat.

Der amerikanische Physiker John Wheeler (Mitte), der den Begriff «Schwarzes Loch» prägte, empfängt im Dezember 1968 aus der Hand von Präsident Lyndon B. Johnson den Enrico-Fermi-Preis. Links der Vorsitzende der Atomenergiekommission Glenn Seaborg.

Michell stellte sich also einen Stern vor, dessen Gravitationsfeld stark genug wäre, um sein eigenes Licht zu sich selbst zurückzulenken. Obwohl ein solcher Stern womöglich unseren Blicken entzogen wäre, könnte ein Beobachter seine Gravitation spüren. 1916 legte Einstein eine schlüssige Theorie der Gravitation vor, die die Wirkung des Schwerefeldes eines massiven Objekts auf Licht zu erklären vermochte: die Allgemeine Relativitätstheorie. Bis dahin blieben Michells aus damaliger Sicht revolutionäre Ideen pure Spekulation.

Der deutsche Astrophysiker Karl Schwarzschild war der erste Wissenschaftler, der eine Lösung für Einsteins Feldgleichungen fand. Dabei entdeckte er ein Phänomen, das heute nach ihm benannt ist, nämlich den Schwarzschildradius eines Sterns. Unterschreitet seine Masse diesen Radius, dann gibt es keine stabilen Lösungen der Einsteingleichungen mehr. J. Robert Oppenheimer trat in den 1930er Jahren Schwarzschilds wissenschaftliches Erbe an und untersuchte auf der Grundlage der Allgemeinen Relativitätstheorie die Vorgänge in einem kollabierenden Stern. Er fand heraus, dass in dem Augenblick, wo er im Schrumpfprozess den Schwarzschildradius erreicht, sein an Stärke zunehmendes Schwerefeld das Licht am Entweichen hindert. John Michells Vision von unsichtbar im Weltall thronenden Schwarzen Sonnen erwies sich demnach als erstaunlich hellsichtig – zumindest aus relativitätstheoretischer Sicht.

Allerdings existiert solch ein Schwarzes Loch in strenger Abgeschiedenheit. Es ist vom Rest des zugänglichen Universums regelrecht abgeschnürt und hinter einer Grenze verborgen, die sich Ereignishorizont nennt. Dieser besteht aus den Lichtstrahlen, die es nicht mehr schaffen, dem Schwarzen Loch zu entkommen. Dessen extreme Raumzeitgeometrie hält das Licht zurück und verbirgt deshalb jedem außenstehenden Beobachter die Ereignisse in seinem Inneren. Und wenn noch nicht einmal das Licht als schnellstes Medium im Weltall den Ereignishorizont in Richtung beobachtbares Universum passieren kann, dann gilt diese Einschränkung erst recht für jedes andere Signal. Insbesondere kann man vermuten, dass der Horizont ganz allgemein die Wirkung hat, die pathologische Singularität im Schwarzen Loch den Blicken äußerer Beobachter zu entziehen. Das ist die «Hypothese der kosmischen Zensur», die Roger Penrose aufgestellt hat (RuZ: 46 f.), in Hawkings salopperer Forumulierung: *Gott verabscheut eine nackte Singularität.* (IGZ: 115) Das heißt: Wir als außenstehende Beobachter sind von den singulären Vorgängen im Schwarzen Loch nicht betroffen.

Was Hawking aber nicht davon abhält, sich mit einer Prise schwarzen Humors auszumalen, was mit einem Astronauten geschähe, der die Bildung eines Ereignishorizonts miterlebt, ihn überschreitet und der Singularität im Inneren der Sternenleiche entgegenfliegt. Denn ein wichtiger Aspekt des Ereignishorizonts ist die Tatsache, dass er die Mündung einer Einbahnstraße ist. Das Schwarze Loch lässt zwar nichts aus seinem Inneren mehr entweichen, aber es verschlingt auch auf

Mit seinem intensiven Gravitationsfeld entreißt ein kreisendes Schwarzes Loch seinem Begleiter Material und erzeugt eine Akkretionsscheibe, die sich spiralförmig auf den Ereignishorizont zubewegt.

Nimmerwiedersehen alles, was sich dem Rand seines Ereignishorizonts nähert. In seinem Gedankenexperiment nimmt Hawking an, dass die Uhr des auf dem kollabierenden Stern gelandeten Astronauten jede Sekunde ein Funksignal an das Mutterschiff sendet, das in respektvollem Abstand den Stern umkreist.

Erinnern wir uns an die Spezielle Relativitätstheorie und die Vorhersage, dass die Zeit im Schwerefeld eines massiven Objekts gedehnt und verzerrt werden kann (▤ 39). In der Sekunde, wo der schrumpfende Stern den kritischen Radius erreicht und seinen Ereignishorizont bildet, wird das Gravitationsfeld so stark, dass die Funksignale der Astronautenuhr die Kollegen im Mutterschiff nicht mehr erreichen. Sie warten – man möchte fast sagen: «bis in alle Ewigkeit» – vergeblich auf die nächste Sekundenanzeige als Lebenszeichen des Schwarzlochpioniers. Die vom Stern abgestrahlten Lichtwellen würden zusehends schwächer werden, bis der Sternkadaver völlig im Dunkeln läge – ein Schwarzes Loch, das den tollkühnen Astronauten vom Rand des Ereignishorizonts unwiderstehlich zu seinem Mittelpunkt zieht, in die Raumzeitsingularität hinein. Und da die Gravitationskraft auf die Füße stets stärker wirkt als auf den Kopf, würde unter diesen extremen Umständen der bedauernswerte Mann wie Spaghetti in die Länge gezerrt werden. Zuletzt würde es den Astronauten zerreißen, vermutlich bevor er die Singularität erblickt. Doch selbst wenn er sie erlebte, erführen wir nie, was dort geschieht. (IGZ: 111–114)

Hawkings Szenario gründet auf Einsteins Allgemeiner Relativitätstheorie und ist deutlich nüchterner als die Phantasien von Science-Fiction-Autoren, die Schwarze Löcher vornehmlich als bequeme Abkürzungen für pfiffige Zeitreisende oder als Tore zu fernen Welten schildern. Aber auch die Relativitätstheorie lässt unter gewissen Umständen Zeitreisen zu. Stephen Hawking hat sich ebenfalls damit auseinander gesetzt. (143–145)

Bei so vielen Spekulationen, Gedankenexperimenten und Szenarios stellt sich die Frage, ob die Schwarze-Löcher-Astronomen ausschließlich von theoretisch möglichen Gebilden sprechen oder ob es empirische Anhaltspunkte für die Existenz von Schwarzen Löchern im Weltraum gibt. Auch in dieser Hinsicht erwies sich Cambridge als fruchtbarer Boden für die Evolution einer extremen astronomischen Idee zu einer anerkannten Beobachtungswissenschaft. Zu Beginn der 1960er Jahre fingen Radioastronomen der Universität Cambridge ein starkes Funkrauschen so genannter «Radiosterne» auf. Die Forscher waren sich nicht sicher, ob sie es mit einzelnen Sternen oder ganzen Galaxien zu tun hatten.

Doch 1963 fand Maarten Schmidt von der Sternwarte Mount Palomar in Kalifornien heraus, dass die Rotverschiebung einiger dieser Objekte einen bis dahin unvorstellbar hohen Wert hatte. Seit Edwin Hubbles Entdeckung der Expansion des Universums an genau diesem Teleskop von Mount Palomar gilt die Verschiebung des Lichts eines Himmelskörpers hin zum roten Ende des Spektrums als Maß für seine Entfernung von der Erde. Und da ein Blick in die Tiefen des Weltraums immer auch einen Blick zurück in der Zeit bedeutet (24), mussten diese fernen Objekte vor rund vier Milliarden Jahren entstanden sein. Ihre genaue Identität blieb zunächst ungeklärt. Man nannte sie aus Verlegenheit Quasare: quasistellare Objekte. (7) Sie sehen aus wie Sterne, sind aber keine. Ihre Energieproduktion ist gewaltig. Heute geht man davon aus, dass die Quasare supermassive Schwarze Löcher sind, die im Mittelpunkt einer Galaxie thronen und mit gesegnetem Appetit eine Sonne nach der anderen verschlucken, wobei deren Materie – streng nach $E = mc^2$ – bis zur Hälfte in Energie verwandelt werden kann.

Wenn ein Quasar jedes Jahr nur ein oder zwei Sonnenmassen Materie schluckt und nur zehn Prozent dieser Masse in Energie umwandelt, dann kann er so hell wie 300 Milliarden Sonnen scheinen. Die Materie wirbelt in Form einer großen heißen Scheibe um das Schwarze Loch. In dieser Scheibe wird die Energie erzeugt, die für das Funkrauschen verantwortlich ist, aber auch das sichtbare Licht hervorbringt, während das Loch selbst natürlich schwarz ist.

Die Hawking-Biographen
Michael White und John Gribbin

Als 1967 der Radioastronom Anthony Hewish aus Cambridge mit einem verbesserten Radioteleskop den Himmel nach weiteren Quasaren absuchte, stieß er auf eine neue Art äußerst kompakter Sterne, die in ihrer Erscheinung einem Schwarzen Loch recht nahe kamen. Schrumpft ein Stern unter dem Druck seiner eigenen Gravitation und nähert sich dem Schwarzschildradius, presst er den größten Teil seiner Materie zu Neutronen zusammen. Deshalb hatten die Astronomen diese exotischen Gebilde hypothetisch Neutronensterne genannt, ihre Existenz aber nie so recht ernst genommen.

Nun war es aber Hewish nicht nur gelungen, ihre Existenz nachzuweisen, er hatte überdies herausgefunden, dass diese nur wenige tausend Kilometer großen Objekte kontinuierlich

Strahlung aussandten, sich dabei aber so schnell drehten, dass die Signale auf der Erde wie ein regelmäßiges Pulsieren ankamen. Aus diesem Grunde taufte er die rotierenden Neutronensterne Pulsare. 1974, als Stephen Hawking seine große Entdeckung machte, bekam Hewish zusammen mit seinem Kollegen Sir Martin Ryle, dessen Radioquellen-Scan die Steady-State-Theorie ins Wanken gebracht hatte, den Nobelpreis für diese Entdeckung. Spaßeshalber nummerierten Hewish und die Mitentdeckerin Jocelyn Bell die ersten vier registrierten Pulsare als LGM 1–4 durch. LGM stand für «little green men», die volkstümliche Bezeichnung für außerirdische Intelligenz – eine ironische Referenz an die gleichmäßigen, absichtsvoll erscheinenden Radiowellen der Pulsare. Die Entdeckung von Quasaren und Pulsaren trug erheblich dazu bei, das Konzept des Schwarzen Lochs von seiner Geisterhaftigkeit zu befreien. Wenn es möglich war, dass ein Neutronenstern kompakt auf ein paar tausend Kilometer Durchmesser schrumpfen konnte, dann rückte auch der Gravitationskollaps eines Schwarzen Lochs in die Nähe des astronomisch Möglichen. All diese Entwicklungen erlebte Stephen Hawking hautnah auf dem Campus in Cambridge. Er erinnert sich noch, dass in dem Saal, in dem Hewish 1967 die große Neuigkeit verkündete, die Wände mit kleinen grünen Männchen geschmückt waren. (SHW: 95)

Kurz nach der Geburt seiner Tochter Lucy im November 1970 steuerte Stephen Hawkings Zusammenarbeit mit Roger Penrose einem neuen kreativen Höhepunkt entgegen. Hawking hatte sein Heureka-Erlebnis, als er eines Abends auf dem beschwerlichen Weg die Treppe hinauf in sein Schlafzimmer war. Plötzlich kam ihm ein Gedanke, der ihn nicht mehr losließ und ihn in dieser Nacht um den Schlaf brachte. Aufgeregt rief er am nächsten Morgen Roger Penrose an, um mit ihm seine neue Einsicht zu besprechen. Gemeinsam hatten sie ja den Ereignishorizont als die Wege der Lichtstrahlen definiert, die es nicht mehr schaffen, dem Schwarzen Loch zu entkommen, aber beim «Fluchtversuch» noch am weitesten nach außen gelangen. Hawking war in jener Novembernacht zu dem Schluss gekommen, *dass die Bahnen dieser Lichtstrahlen nicht näher aneinander rücken können, weil sie sonst schließlich ineinander laufen müssten – so als würde man bei seiner Flucht mit jemandem zusammenprallen [... und mit ihm gemeinsam] in das Schwarze Loch zurückfallen [...] Doch wenn das Schwarze Loch diese Lichtstrahlen verschluckt, können sie nicht mehr auf seiner Grenze liegen. Deshalb müssten sich die Wege der Lichtstrahlen im Ereignishorizont stets parallel zueinander bewegen oder voneinander fort. [...] Wenn die Lichtstrahlen, die den Ereignishorizont bilden, einander nicht näher rücken können, dann müsste seine Fläche gleich bleiben oder anwachsen, könnte aber niemals abnehmen.* (IGZ: 129)

Welche Konsequenzen hatte nun diese Erkenntnis? Hawking fühlte sich an den Zweiten Hauptsatz der Thermodynamik erinnert, dem zufolge die Entropie oder Unordnung eines Systems ebenfalls entweder erhalten bleibt oder zunimmt, aber niemals abnehmen kann. Die Übereinstimmung war frappierend, aber was sollte ausgerechnet die Lehre von der Wärmebewegung mit völlig ausgebrannten Sonnen zu tun haben? Es schien nicht viel mehr als ein Zufall zu sein, bestenfalls eine hübsche Analogie.

Die Entropie ist das Maß der Unordnung in einem geschlossenen System und hebt die Einsicht, dass alle Dinge dem Zerfall unterliegen, in den Rang eines statistischen Gesetzes. Sie legt fest, dass die Zeit nur von der Vergangenheit in die Zukunft fließen kann. Aus einer Tasse kalten Kaffees auf dem Schreibtisch ist eine Viertelstunde später kein heiß dampfender Muntermacher geworden, während es umgekehrt täglich ungezählte Male passiert. Alle thermodynamischen Bewegungen laufen auf die Zunahme von Unordnung oder Entropie hinaus. Sie kann nur anwachsen oder auf dem gleichen Stand bleiben, aber niemals geringer werden. Diese eindeutig gerichtete Bewegung nennt man auch den thermodynamischen Zeitpfeil. Er sagt uns: Mit dem Verstreichen der Zeit nimmt die Unordnung stets zu.

Die Übereinstimmung zwischen dem Entropiegesetz und der Fläche des Ereignishorizonts brachte den jungen Physiker Jacob Bekenstein von der Princeton University auf die mutige

Idee, die Größe des Ereignishorizonts als Maß für die Entropie des Schwarzen Lochs zu betrachten. Denn die musste ja zunehmen, wenn entropiebehaftete, also ungeordnete Materie ins Schwarze Loch fiel. Die Bekenstein'sche Logik schien auf den ersten Blick bestechend zu sein, doch bei Hawking klingelten sofort sämtliche Alarmglocken. Bekenstein hatte mit seiner These eine Konsequenz in Kauf genommen, die völlig absurd erschien. Denn in einem entropiehaltigen Schwarzen Loch müsste sich folgerichtig auch Wärme entwickeln, also eine Temperatur nachweisbar sein, was unweigerlich mit einer Strahlung verbunden gewesen wäre. Nun zeichneten sich Schwarze Löcher aber gerade dadurch aus, dass sie eiskalt und mausetot waren und deshalb auch nicht das Geringste abstrahlen konnten. Wie kalter Kaffee. Und genauso viel hielt Hawking von Bekensteins Vergleich. Unter diesen Voraussetzungen war es einfach lächerlich, die Horizontfläche als Maß für die Entropie aufzufassen.

Mit einer gehörigen Portion Ärger über Bekensteins forsche Interpretation seiner These schrieb Hawking zusammen mit seinen Kollegen Brandon Carter und Jim Bardeen einen Artikel, der 1973 veröffentlicht wurde. Darin attackierten sie das thermodynamische Modell Bekensteins und legten ihre Auffassung dar, dass bei Schwarzen Löchern bereits deren Name die Abwesenheit von Temperatur und Strahlung suggerierte, eine Analogie zum Entropiegesetz zu keinen fruchtbaren Erkenntnissen, sondern nur in die Irre führen könne.

Doch noch im November desselben Jahres konnte Hawking mit einer Entdeckung aufwarten, die von der wissenschaftlichen Gemeinde als Sensation gefeiert wurde. Seine Berechnungen führten letztendlich tatsächlich zu dem von Bekenstein intuitiv erkannten Zusammenhang zwischen Thermodynamik und Ereignishorizont: Ein Schwarzes Loch gibt genauso viele Teilchen und Strahlung ab, dass der Zweite Hauptsatz der Thermodynamik, also das Entropiegesetz, nicht verletzt wird. Dabei hängt die Temperatur von der Masse des Objekts ab. Je kleiner das Schwarze Loch, desto höher die Temperatur. Aber wie konnte es sein, dass ein Schwarzes Loch gar nicht wirklich schwarz war, dass es entgegen seiner bisherigen Definition Wärme abstrahlte, obwohl doch die Allgemeine Relativitätstheorie darauf bestand, dass absolut kein Signal über den Ereignishorizont hinaus- und ins beobachtbare Universum hineingelangte?

Die Lösung für das vermeintlich paradoxe Phänomen eines Teilchen emittierenden Schwarzen Lochs fand Hawking, indem er die Quantentheorie auf das Ereignishorizont-Szenario anwandte. In *Eine kurze Geschichte der Zeit* spricht er von Quantenfluktuationen im «leeren Raum» außerhalb des Ereignishorizonts. Dieser Raum *ist gefüllt mit Paaren virtueller Teilchen und Antiteilchen. Sie entstehen gemeinsam, entfernen sich voneinander, kommen wieder zusammen und vernichten sich [gegenseitig]. […] In unmittelbarer Nähe eines Schwarzen Lochs kann ein Partner des virtuellen Paares hineinfallen und zu einem realen Teilchen werden. Das andere kann dann dem Einflussbereich eines Schwarzen Lochs entkommen.* (IGZ: 134) Und ebendieses verwaiste Teilchen erscheint dem Beobachter wie Strahlung, die das Schwarze Loch verlässt.

Wie aber können sich denn in einem leeren Raum überhaupt irgendwelche Teilchen tummeln? Nach der Unschärferelation ist es nicht möglich, Position und Geschwindigkeit eines Elementarteilchens gleichzeitig zu messen. Wendet man dieses Prinzip auf das Quantenfeld in der Nähe eines Schwarzen Lochs an, dann bedeutet dies, dass es dort ebenfalls eine von Natur aus festgelegte Unbestimmtheit zwischen der Stärke des Feldes und seiner zeitlichen Änderungsrate gibt. Kennen wir die Änderungsrate, können wir keine exakte Aussage über die Stärke des Schwerefeldes machen und umgekehrt. Da aber keine genaue Messung möglich ist, wird auch niemals das Ergebnis Null für beide Werte zusammen messbar sein. Das heißt: Es gibt keinen absolut «leeren Raum», sondern es bleibt stets diese von Hawking angesprochene Quantenfluktuation übrig. Das sind winzige Schwankungen der Feldstärke, die die Existenz virtueller Teilchenpaare erlauben. Die Paare gleichen ihren Energiehaushalt aus, weil eines von ihnen positive und das andere negative Energie hat.

Die enorme Gravitationskraft in der Nähe des Ereignishorizonts verwandelt nun die virtuellen in reale Teilchen. Das bedeutet: Teilchen und Antiteilchen sind nicht mehr aufeinander angewiesen. Das Teilchen mit der negativen Energie fällt in das Schwarze Loch und sein Ex-Partner mit der positiven Energie kann dem Schicksal entrinnen, vom Schwarzen Loch geschluckt zu werden. Und diese Fluchtbewegung erscheint einem außenstehenden Beobachter als Strahlung, die das Schwarze Loch abgibt.

Zu Ehren ihres Entdeckers wird dieses Phänomen seitdem «Hawking-Strahlung» genannt. Damit wurde aber auch seine ursprüngliche These hinfällig, nach der sich der Ereignishorizont niemals verringern durfte. Wenn das Schwarze Loch Strahlung abgab, dann musste es im Prinzip auch kleiner werden und schließlich sogar verdampfen können – eine Schwindel erregende These für das Verhalten einer eiskalten Sonnenleiche. «Wenn das Schwarze Loch virtuelle Teilchen in reale verwandelt, verliert es an Energie. Wie kann das geschehen, wenn nichts durch den Ereignishorizont entweichen kann? Wie kann da etwas verloren gehen? [...] Wenn Teilchen *negative* Energie in das Schwarze Loch transportieren, dann *verringern* sie damit die Energie im Schwarzen Loch.» (USH: 98)

Nimmt aber die Energie ab, dann verlangt Einsteins berühmte Formel $E = mc^2$ (▤ 33) unerbittlich, dass auch weniger Masse vorhanden sein muss. Vorausgesetzt also, man gibt dem Schwarzen Loch sehr viel Zeit, kann es tatsächlich verdampfen. Es kamen also einige höchst bemerkenswerte Erkenntnisse zusammen. Der vielleicht erstaunlichste Umstand aber war, dass es zum ersten Mal in der sechzigjährigen gemeinsamen Geschichte von Allgemeiner Relativitätstheorie und Quantenmechanik einem Physiker gelungen war, die beiden nicht kompatiblen Teiltheorien im Konzept der Strahlung Schwarzer Löcher zumindest ansatzweise zu vereinen.

Hawkings Doktorvater Dennis Sciama war wohl einer der wenigen, die die komplexe Mathematik hinter Hawkings revolutionären Ergebnissen nachvollziehen konnten. Für ihn grenzte sie an ein Wunder. (SHW: 115) Verständlicherweise

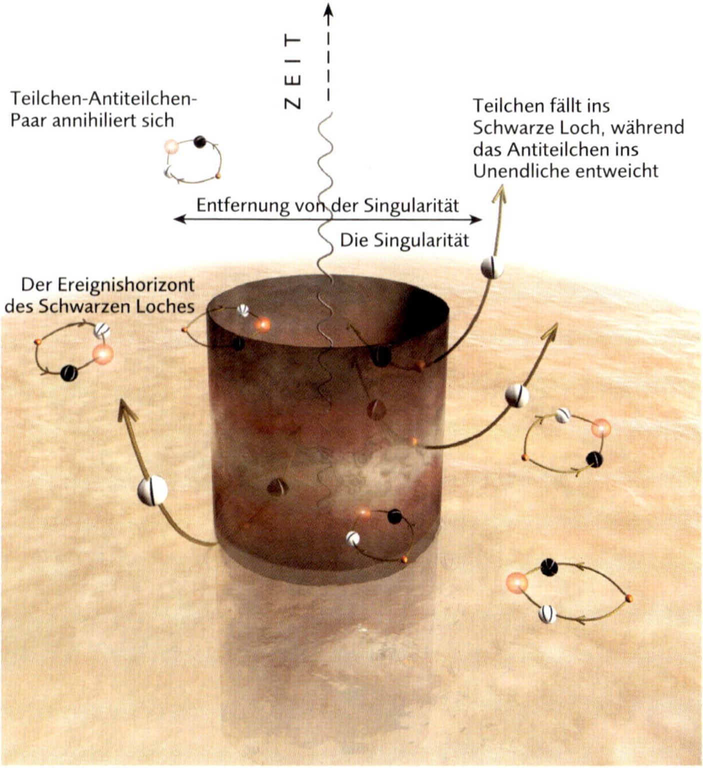

Die Hawking-Strahlung

aber zögerte sein ehemaliger Student die Veröffentlichung der Strahlungstheorie wochenlang hinaus. Die Gefahr, sich damit zu blamieren, schien ihm einfach zu groß zu sein, denn strahlende Schwarze Löcher, die Masse verlieren, verstießen so fundamental gegen die vorherrschende Denkrichtung in der Astrophysik der 1970er Jahre, dass er nicht voreilig und unüberlegt handeln durfte. Immer wieder überprüfte er seine Berechnungen und gelangte jedes Mal wieder zu denselben Resultaten.

Führte man nämlich die Hypothese über Strahlung emittierende Schwarze Löcher konsequent zu Ende, dann kam es zu einem Schlussszenario, das noch viel unglaublicher klang als alles Vorangegangene. Denn es ergab sich ein genau definiertes Verhältnis zwischen zwei Größen des Schwarzen Lochs: Je geringer die Masse war, desto höher stieg die Temperatur. Wenn also die Masse stetig abnahm, wurde das Schwarze Loch wärmer, was zu vermehrter Strahlungsabgabe und infolgedessen zu noch schnellerem Masseverlust führte – eine Kettenreaktion, die schließlich mit einer Explosion von der Kraft einiger Millionen Wasserstoffbomben enden musste. (IGZ: 137)

In dieser stets zwischen Zweifel und Selbstgewissheit schwankenden Stimmung war es Sciama, der Hawking rückhaltlos unterstützte und ihn ermutigte, seine neue These der wissenschaftlichen Gemeinschaft nicht länger vorzuenthalten. Also hielt Hawking Anfang 1974 einen Vortrag mit dem Titel *Explodieren Schwarze Löcher?* am Rutherford-Appleton Laboratory in der Nähe von Oxford. Das Fragezeichen hinter dem Titel konnte man als letztes Hintertürchen interpretieren, das er sich für den Rückzug in die vertraute Welt der herkömmlichen Interpretation Schwarzer Löcher offen hielt. Wie nicht anders zu erwarten war, kam keine Diskussion zwischen den Zuhörern und Hawking zustande, weil der Schock der Neuigkeit und die Konsequenzen für das Selbstverständnis der Astrophysik allen die Sprache verschlug. Hatte der gelähmte Physiker dort auf dem Podium gerade eine sensationelle Vereinigung von Thermodynamik, Relativität und Quantenmechanik verkündet oder war es einfach nur Unsinn? Schließlich stand der Mathematikprofessor John Taylor vom Londoner King's College auf und sagte: «Sie müssen sich irren, Stephen, ich glaube kein Wort davon.» (SHW: 118)

Am 1. März 1974 erschien ein Aufsatz Hawkings in der Zeitschrift «Nature», in dem er seine Erkenntnisse noch einmal zusammenfasste. Mit unverhohlenem Doktorvaterstolz nannte Dennis Sciama in einem Gespräch mit dem Autor John Boslough den «Nature»-Artikel «eine der schönsten Abhandlungen in der Geschichte der Physik» (JEr: 81). John Taylor schrieb gemeinsam mit Paul Davies eine Erwiderung, die eine

Explosion Schwarzer Löcher kategorisch ausschloss. Doch die «Hawking-Strahlung» wurde bereits weltweit diskutiert, überprüft und für richtig befunden.

Da schien es angemessen, dass Stephen Hawking nur wenige Wochen nach dem denkwürdigen Vortrag in Oxford eine der höchsten Auszeichnungen erhielt, die einem britischen Wissenschaftler zuteil werden können: die Aufnahme in die Royal Society. Im Januar war er 32 Jahre alt geworden und gehörte somit zu den jüngsten Kandidaten für den vornehmen Club. Normalerweise tragen sich die neuen Mitglieder auf dem Podium des großen Festsaals der Akademie in das Buch ein, auf dessen erster Seite der Namenszug Isaac Newtons steht. Doch der damalige Präsident der Royal Society, Sir Alan Hodgkin, Nobelpreisträger für Biologie, brachte an diesem Tag das Buch hinunter in die erste Reihe zu Stephen Hawking. Viel Zeit verging, bis er – Buchstabe für Buchstabe – seine Unterschrift geleistet hatte. Und als er mit seinem berühmten Lächeln wieder aufblickte, begrüßten die Honoratioren ihr neues Mitglied mit einem Riesenapplaus. (USH: 115)

Die Theorie war weit vorangeschritten; in der Praxis war allerdings noch kein einziges Schwarzes Loch zweifelsfrei entdeckt worden. Als Stephen Hawking 1974 seine Strahlungstheorie Schwarzer Löcher veröffentlichte, galt ein Doppelsternsystem namens Cygnus X-1 in 6000 Lichtjahren Entfernung von der Erde als vielversprechendster Kandidat. Mit einiger Wahrscheinlichkeit umkreiste dort ein Schwarzes Loch den sichtbaren Stern. Aus dessen Bahn ließ sich nämlich die Masse des unsichtbaren Objekts errechnen, die für einen Neutronenstern einfach zu groß war. (📖 SLK)

Gegen Ende dieses erfolgreichen Jahres 1974 schloss Hawking mit dem Astrophysikprofessor Kip Thorne vom California Institute of Technology eine Wette ab, die eine Ahnung von seiner Ungezwungenheit und seinem Humor vermittelt. Er verpflichtete sich, Kip Thorne ein Jahresabonnement des Männermagazins «Penthouse» zu spendieren, falls weitere Beobachtungsdaten Cygnus X-1 tatsächlich als Schwarzes Loch verifizieren sollten. Im Gegenzug erhielte er von seinem Wettpartner vier Jahre lang ein Abonnement für die Zeitschrift «Private Eye» (💻 8), wenn der Begleiter des Sterns *kein* Schwarzes Loch sein sollte: Ein kleiner Trost für die vielen Arbeitsjahre, die er in die Erforschung Schwarzer Löcher investiert hatte. Heute gibt es keinen vernünftigen Zweifel mehr an der Existenz Schwarzer Löcher. Deshalb hat Hawking 1990 seine Wettschuld beglichen und das Männermagazin für Kip Thorne, «sehr zum Ärger seiner feministisch gesinnten Frau» (IGZ: 124), abonniert.

Stephen Hawkings Frau Jane hingegen schöpfte Kraft aus ihrem Gottvertrauen. In einem Interview mit der BBC hat sie sich – für die Frau eines Naturwissenschaftlers erstaunlich freimütig – zum christlichen Glauben bekannt, der ihr geholfen habe, all die Jahre als Partnerin, Managerin und Pflegerin an der Seite ihres behinderten Mannes Kraft zu schöpfen, die Kinder allein zu erziehen und den Haushalt zu führen. (MaU) Der ständige Kampf gegen die Präsenz der Krankheit kostete selbstverständlich auch Stephen Hawking selbst zunehmend Energie. Sie drängte sich in den Vordergrund des Familienlebens. Doch für den Gelähmten war selbst ein beiläufiges Reden über ALS und seine spezielle Situation eine Form der Resignation, die er sich nicht zugestand. Mit eiserner Disziplin bemühte er sich, so viel wie möglich allein zu machen und seinen Zustand als Normalität zu betrachten.

Inzwischen wohnte das Paar mit seinen Kindern Robert und Lucy in einer geräumigeren Wohnung im Erdgeschoss eines Hauses an der West Road, das dem College gehörte. Den Weg in sein Institut legte Hawking in zehnminütiger Fahrt mit seinem Rollstuhl zurück. Die Tortur des Treppensteigens im Haus in der Little Saint Mary's Lane fiel also weg, was eine große Erleichterung für Hawking bedeutete. Allerdings fiel es ihm nun zunehmend schwer, allein ins Bett zu gehen und zu essen.

Die zermürbende tagtägliche Konfrontation mit der langsam fortschreitenden Krankheit brachte Jane häufig an den

Jane Hawking (links) und Tochter Lucy

Rand der Erschöpfung. Als sie Mitte der 1970er Jahre einsehen musste, dass sie allein nicht mehr in der Lage war, die notwendigen Assistenzen zu bewältigen, fanden die Hawkings eine geniale Lösung. Sie boten jeweils einem von Stephens Doktoranden freie Unterkunft in ihrem Haus an. Als Gegenleistung half der neue Mitbewohner seinem Doktorvater beim Zubettgehen und beim Aufstehen. Diese Praxis bewährte sich so gut, dass sie bis zu Beginn der 1980er Jahre beibehalten wurde.

Mit dem Weltruhm häuften sich die Ehrungen und Preise. Unmittelbar nach Hawkings Berufung in die Royal Society folgte eine Einladung ans California Institute of Technology (CalTech) in Pasadena, einem Vorort von Los Angeles, wo er ein Jahr lang mit seiner Familie als Gastprofessor lebte. Dort arbeitete er eng mit Kip Thorne zusammen, der die Relativitätsabteilung leitete. Die Atmosphäre in Kalifornien war locker und entspannt. Man bemühte sich, Hawking einen behindertengerechten Arbeitsplatz zu schaffen. Hier hatte er, anders als in Cambridge, ein Büro ganz für sich allein; mit Thornes Dokto-

Kip Thorne, Professor für theoretische Physik am California Institute of Technology, entwickelte Theorien über Zeitreisen im Rahmen der Allgemeinen Relativitätstheorie. Foto um 1980

randen Don Page freundete er sich spontan an und verfasste gemeinsam mit ihm im Laufe des Jahres einen Artikel über Schwarze Löcher. Am CalTech lehrte auch die lebende Legende Richard Feynman. Sein origineller Zugang zur Quantenmechanik (▤ 54 f.) sollte in den kommenden Jahren ein entscheidendes Werkzeug für Hawkings neuen Ansatz zur Vereinigung von Quantenmechanik und Gravitationstheorie werden. John Gribbin und Michael White berichten in ihrer Hawking-Biographie, dass die beiden Kultfiguren der theoretischen Physik, Hawking und Feynman, sich prächtig verstanden und viel Zeit miteinander verbrachten. (Bio: 181)

Anfang der 1980er Jahre hatte Hawking bereits sechs renommierte internationale Preise erhalten und die Ehrendoktorwürde von ebenso vielen Universitäten verliehen bekommen. Den begehrten Albert Einstein Award, der dem Physiknobelpreis an Ansehen am nächsten kommt, nahm er 1978 entgegen. Ein Jahr später jährte sich Einsteins Geburtstag zum hundertsten Mal. Aus diesem Anlass veröffentlichte die Cambridge University Press einen Band, den Hawking zusammen mit seinem Kollegen Werner Israel herausgab: *General Relativity: An Einstein Centenary Survey.* Im Frühling 1979 kam das dritte Kind, Timothy, zur Welt, und im selben Jahr noch wurde ihm die nächste große Ehre erwiesen: die Ernennung zum Lukasischen Professor für Mathematik an der Universität Cambridge im relativ jugendlichen Alter von 37 Jahren. Diesen Lehrstuhl hatte schon Isaac Newton innegehabt – ohne dass dessen Stuhl freilich schon motorisiert gewesen wäre, wie Hawking einmal mit Blick auf den Elektromotor seines Rollstuhls scherzte.

Als Lukasischer Professor bekam Hawking nun endlich ein eigenes Büro. Bis dahin hatte er sich das Zimmer mit einem Kollegen teilen müssen. Nach einigem bürokratischen Hickhack wurde an das Institutsgebäude eine Rampe angebaut, sodass er nicht mehr auf fremde Hilfe angewiesen war, wenn er zu seinem Arbeitsplatz fahren wollte. In seiner neuen Position leitete Hawking die aus einem Dutzend Forschungsassistenten

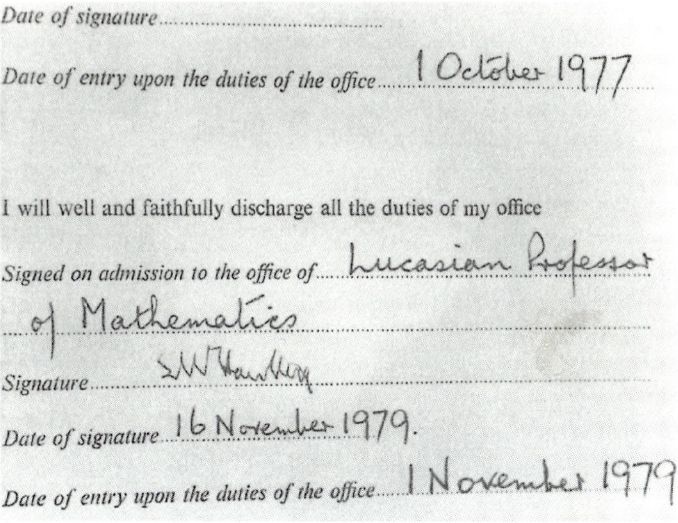

Date of signature ....

Date of entry upon the duties of the office 1 October 1977

I will well and faithfully discharge all the duties of my office

Signed on admission to the office of Lucasian Professor of Mathematics

Signature S W Hawking

Date of signature 16 November 1979.

Date of entry upon the duties of the office 1 November 1979

1979 bestätigte Stephen Hawking mit seiner Unterschrift seine Ernennung zum Lukasischen Professor für Mathematik. Es war das letzte Mal, dass er eigenhändig unterschreiben konnte.

bestehende so genannte «Relativitätsgruppe» und betreute ein paar handverlesene Doktoranden. Abgesehen von diesen minimalen Pflichten konnte er sich ganz auf seine eigene Forschung konzentrieren.

Niemand wusste besser als Stephen Hawking selbst, was er seiner Frau Jane verdankte. Unentwegt hielt sie ihm den Rücken frei, während er im Rampenlicht der Wissenschaftlergemeinde stand und mit weltweiter Anerkennung für seine Arbeit überhäuft wurde. Und wer, außer den engen Freunden und Kollegen aus der Cambridger Szene, fragte schon nach der Frau im Hintergrund? Glücklicherweise fand zu diesem Zeitpunkt auch Jane den Weg zu beruflicher Anerkennung und Identität. Die Pflegelösung mit den Doktoranden-Untermietern hatte ihr genügend Freiraum verschafft, um in mittelalterlichen Sprachen promovieren zu können. Sie nahm eine Stelle als Gymnasiallehrerin an und fühlte sich wohl in ihrem Beruf.

Religiös, wie sie war, hat sie sicher aufgehorcht, als ihr Mann in einem Interview die Auffassung vertrat, Gott höchstens als Sinnbild für die physikalischen Gesetze zu verstehen, und dann hinzufügte: *Wir sind so unbedeutende Kreaturen auf einem kleinen Planeten eines sehr gewöhnlichen Sterns im Randbereich einer von hunderttausend Millionen Galaxien. Es ist schwer, an einen Gott zu glauben, der uns behütet oder auch nur unsere Existenz zur Kenntnis nimmt.* (USH: 106)

Aber gab es denn überhaupt eine Möglichkeit für einen Physiker, der in unserem Kulturkreis lebt, über den Anfang des Universums nachzudenken und dabei um die Frage nach der Existenz Gottes herumzukommen? Schon bald sollte sich Hawking die Gelegenheit bieten, im Vatikan, im Zentrum der Gottgläubigkeit schlechthin, seine ketzerischen Thesen zu erläutern. Und er tarnte sie derart mit mathematischen Begriffen, dass die gutgläubigen Jesuiten im Vortragssaal einem Physiker applaudierten, der gerade die Existenz ihres Glaubensmittelpunktes zu einer höchst fragwürdigen Angelegenheit erklärt hatte.

Ein Universum ohne Rand

Zu Beginn des neuen Jahrzehnts kehrte Hawkings Denken dahin zurück, wo er fünfzehn Jahre zuvor mit einem bemerkenswerten Theorem zur Urknallsingularität zum ersten Mal auf sich aufmerksam gemacht hatte. In einem Aufsatz für die Zeitschrift «Scientific American» schrieb Hawking 1977:

Wenn man versteht, wie Schwarze Löcher Teilchen erzeugen, so wird man vielleicht auch verstehen können, wie der Urknall alle Dinge im Universum geschaffen hat. (EiT: 109)

Erinnern wir uns an die auf den ersten Blick seltsam anmutende Spiegelbildsymmetrie zwischen dem Gravitationskollaps eines Sterns und dem Anfang der Zeit im Urknall. (▤ 82 f.) Nun hatte Hawking ja 1974 mit Hilfe der Quantenfeldtheorie gezeigt, dass Materie, die in ein Schwarzes Loch fällt, nicht in letzter Konsequenz in der Singularität im Inneren festgehalten werden muss. Wenn man der Symmetrie von Schwarzem Loch und Urknall genauer nachging, könnte sich womöglich ein ähnliches Resultat für den Anfang des Universums abzeichnen. Roger Penrose und Stephen Hawking hatten Mitte der 1960er Jahre aus der beobachtbaren gleichförmigen Expansion des Universums den Schluss gezogen und den Beweis dafür erbracht, dass es am Anfang des Universums eine Raumzeitsingularität gegeben haben musste, falls Einsteins Relativitätstheorie uneingeschränkt gültig sein sollte.

Ließen sich also die unerwünschten, von der Relativitätstheorie vorhergesagten Unendlichkeiten der Materiedichte und der Raumzeitkrümmung vermeiden, wenn man mit einem quantenmechanischen Ansatz an den Urknall heranging? Konnte das Unbestimmtheitsprinzip noch einmal zu einem ähnlichen Ergebnis führen wie bei der Entdeckung der Teilchenemission von Schwarzen Löchern? Oder, noch abstrakter formuliert: Bot die Vereinigung von Quantenmechanik und Allgemeiner Relativität eine Lösung an, die Urknallsingularität aufzuheben oder wenigstens zu «verschmieren»? Und konnte man dann endlich auf eine Lösung des «Prima Causa»-Problems hoffen, das sich mit der «ersten Ursache» beschäftigt, einem Ereignis, das womöglich vor dem Urknall geschah und den Anstoß für die Geburt der Raumzeit gab?

Hawkings Antwort auf diese Frage lautet nüchtern und knapp: Es macht keinen Sinn, nach einem Ereignis außerhalb der Raumzeit zu fragen, in der wir leben. Nichts von dem, was vor der Anfangssingularität geschehen sein könnte, hätte irgendwelche Konsequenzen für das heute beobachtbare Universum und somit auch nicht für Menschen, die intelligent genug sind, diese Frage zu stellen. Ähnlich absurd wäre es, am Nordpol zu fragen, in welcher Richtung es nach Norden geht.

Wenn wir in der Zeit bis zur Anfangssingularität zurückgehen, gelangen wir zunächst zu einer Epoche, in der die Dichte so groß wird, dass Quanteneffekte die Gesetze der Allgemeinen Relativitätstheorie außer Kraft setzen. Die Raumzeit ist nicht mehr homogen, sondern wird zu einem komplizierten schwammähnlichen Raumzeitschaum. Daher zeichnet sich kein klar erkennbarer Weg bis zurück zum Zustand unendlicher Dichte ab. Wir können lediglich sagen, dass wir schließlich an einen Ort kämen, wo Quanteneffekte bedeutsam würden und wo die klassische Allgemeine Relativitätstheorie […] ihre Gültigkeit verlöre.
J. Richard Gott, 2001

So wenig, wie wir über den Urknall hinaus in eine unvorstellbare Dimension außerhalb unserer Raumzeitdefinition zurückgehen können, so wenig sind wir auch in der Lage, den Urknall selbst mathematisch präzise zu beschreiben. Bei der quantenmechanischen Betrachtung der Schwarzen Löcher haben wir erfahren, dass es so etwas wie einen leeren Raum am Ereignishorizont nicht gibt, denn das Heisenberg'sche Unbestimmtheitsprinzip sorgt für Quantenfluktuationen von Teilchenpaaren. Analog dazu gibt es auch eine Unschärfe bei der Erfahrung von Zeit. Hier kommt die Planck-Zeit ins Spiel. In dieser kleinstmöglichen Zeiteinheit von 10^{-43} Sekunden spielt die Quantengravitation eine entscheidende Rolle, da Quanten- oder Gravitationstheorie allein nicht mehr ausreichen, um diese Dimension zu beschreiben. Dieser unvorstellbar kleine Sekundenbruchteil trennt unsere

Mathematik und Physik vom Urknall. Legt man die etwa 13 Milliarden Lichtjahre, den ganzen weiten Weg zum Urknall, zurück, ist die Planck-Zeit der absolut kürzeste Abstand zum Beginn des Universums. 10^{-44} Sekunden gibt es nicht. Das Universum, so wie wir es kennen, begann mit der Planck-Zeit, 10^{-43} Sekunden nach dem Urknall.

Der Augenblick des Urknalls selbst mit einem Universum der Größe Null und unendlich hoher Temperatur ist demnach von einem undurchdringlichen Quantenschleier verhüllt, der den Beginn der tatsächlichen Raumzeit vor unseren Blicken verbirgt. Der amerikanische Teilchenphysiker und Nobelpreisträger Steven Weinberg versucht in seinem Klassiker «Die ersten drei Minuten» trotzdem, den Schleier ein wenig zu lüften und die heißen Frühstadien der Raumzeit zu erklären: «Zu Anfang gab es eine Explosion [...], die sich gleichzeitig überall vollzog, die von Anfang an den gesamten Raum ausfüllte und bei der jedes Materieteilchen von allen übrigen Teilchen fortflog. [...] Nach etwa einer Hundertstelsekunde [...] betrug die Temperatur des Universums etwa hunderttausend Millionen (10^{11}) Grad Celsius. Selbst im Zentrum der heißesten Sterne herrscht nicht eine derartige Hitze.» (EDM: 14)

Diese Temperatur war viel zu hoch, als dass gewöhnliche Materie hätte Bestand haben können. Die Ära der allein regierenden Quarks und Antiquarks – nach heutigem Wissen die elementaren Teilchen schlechthin – war zwar heiß genug, um Stephen Hawkings Tiefkühlpizza (▤ 77) zuverlässig aufzutauen, aber 10^{-10} Sekunden nach dem Urknall schon wieder Geschichte. Nach einer Sekunde war es im inzwischen reichlich ausgedehnten und abgekühlten Universum nur noch so heiß wie im Zentrum einer Wasserstoffbombenexplosion: zehn Milliarden Grad, etwa das Tausendfache der Sonnentemperatur. Viel zu kühl für das wilde Gemisch aus Quarks und Antiquarks, das sich schon bei 10^{-10} Sekunden fröstelnd aus dem Universum verabschiedet und nur einige versprengte Restquarks zurückgelassen hatte. Die hatten sich schon bald zu Protonen verbunden. Kurz darauf verabschiedete sich in ähnlicher Weise das Gemisch aus Elektronen und Positronen und überließ der

Wärmestrahlung die Herrschaft im Universum. Darin war es für die Protonen kuschelig genug, sich zu größeren Atomkernen zu formieren, insbesondere zu Helium. Währenddessen sanken Temperatur und Dichte des Universums unaufhaltsam weiter.

Noch vor dem ersten Geburtstag unseres Weltalls war der Prozess der Kernsynthese abgeschlossen, und die Expansion setzte sich die nächsten 300 000 Jahre fort, ohne dass etwas Bemerkenswertes geschah. Dann jedoch ließ es die gesunkene Temperatur zu, dass sich Elektronen und Atomkerne zu elektrisch neutralen Atomen zusammenschlossen. Das markierte das Ende der vorher recht innigen Beziehung zwischen Strahlung und Materie. Von diesem Zeitpunkt an war das Schicksal der Strahlung von dem der Materie entkoppelt, und sie nahm nur mehr als kosmische Hintergrundstrahlung an der weiteren Evolution des Alls teil. (IGZ: 149)

Sprachen wir zuvor vom Planck-Zeit-Schleier, der unseren ohnehin nur theoretischen Blick auf den Anfang der Zeit nicht zulässt, dann markiert das 300 000. Jahr nach dem Urknall auch eine praktische Grenze der Beobachtbarkeit. Erinnern wir uns daran, dass der Blick durch ein Teleskop immer auch ein Blick zurück in die Vergangenheit des Universums ist. (▤ 23 f.) Seit Beginn des neuen Jahrtausends können Astronomen Galaxien aufspüren, die rund 13 Milliarden Lichtjahre von der Erde entfernt sind. Das Universum selbst ist nur etwa eine Milliarde Lichtjahre älter. Angenommen, es gelänge, die Auflösung der heutigen Teleskope noch zu verbessern oder dem Hubble-Teleskop im Weltraum den entscheidenden Dreh zu geben, dann gelangte man schon bald an die besagte magische Beobachtungsgrenze. Jenseits davon war das frühe Universum «lichtundurchlässig, weil es sehr dicht war: Strahlung in Form von Photonen [Lichtteilchen] wurde ständig absorbiert und wieder emittiert. Erst als das Universum rund 300 000 Jahre alt war, wurde es so durchlässig, dass sich Photonen geradlinig ausbreiten konnten. Diese Lichtundurchlässigkeit des frühen Universums erscheint uns als Grenze [...], daher können wir ab dieser Entfernung nichts mehr sehen.» (GöF: 182)

Neugeborene Sterne in den Staub- und Gaswolken des Adlernebels. Im eingefügten Bild das Hubble Space Telescope, das diese Aufnahme machte.

Nach dem heutigen Stand des Wissens ist es also niemals möglich, tiefer zurück in frühere Anfangsstadien der Zeit zu schauen. Zu den Beschränkungen des Heisenberg'schen Unbestimmtheitsprinzips kommt also noch ein 300 000 Lichtjahre fetter Teilchennebel, der die Sicht auf das Urknallfeuer verhindert. Werden künftige Gravitationswellenteleskope schließlich auch diese Grenze überwinden?

Der Expansions- und Abkühlungsprozess setzte sich weiter fort, bis sich nach etwa einer Milliarde Jahren aus Materiehäufungen die ersten Quasare, Galaxien und Sterne bildeten und später auch ein Planetensystem um eine Sonne mittlerer Größe. Die Evolution des Lebens brachte auf einem dieser Planeten intelligente, auf Kohlenwasserstoffbasis Energie umwandelnde und kommunizierende Wesen hervor, die kraft ihrer Abstraktionsfähigkeit in der Lage waren, die von der Natur gesetzten Beschränkungen zu ignorieren und die Schleier ein wenig zu lüften.

Ein gelähmtes Genie dieser Spezies legte zu Beginn des 198. Jahrzehnts einer aus religiös-kultureller Willkür hervorgegangenen Zeitrechnung den weitesten Weg von allen zurück. Mit einem mathematischen Coup gelang es ihm, die Planck-Zeit-Grenze zu überschreiten und damit einen entscheidenden Schritt weiter zu gehen als andere Abenteurer des Geistes vor ihm.

Neueste Beobachtungsdaten legen nahe, dass sich das Universum ewig weiter ausdehnen wird. (▤ 141 f.) Als Hawking seine ersten Schritte in Richtung Quantengravitation unternahm, schienen die Daten dagegen auf ein anderes Schicksal hinzudeuten. Damals sah es so aus, als würde das Universum nach seiner Geburt aus einer Anfangssingularität sehr lange weiter expandieren, bis es eine maximale Ausdehnung erreicht hätte, um sich dann in einem umgekehrten Bewegungsprozess wieder zusammenzuziehen und in einem «Großen Endkollaps» zu vergehen. Nahm nach diesem Modell die Zeit ihren Anfang vom Urknall aus, so würde sie im Endkollaps enden.

Wie sah nun Hawkings Konzept aus, mit dem es ihm gelang, die Urknall- und Endkollapssingularität zu vermeiden und sogar die konventionellen Bedeutungen vom Anfang und Ende des Universums in einem neuen Licht erscheinen zu lassen? Während seines einjährigen Aufenthalts als Gastprofessor am CalTech in Pasadena, Kalifornien, hatte er viel Zeit mit Richard Feynman verbracht. Vielleicht hatte er sich beim Erfinder der «Summe über alle Geschichten» (▤ 62 f.) die entscheidende Anregung für seinen mathematischen Angriff auf die Urknallsingularität geholt.

Feynmans Ansatz besteht nämlich darin, alle Wege, die ein Elektron durch die Raumzeit zurücklegt, in Betracht zu ziehen und jedem einzelnen Weg komplexe Zahlen zuzuordnen. Die Addition aller Wege führt dann zu einem brauchbaren Ergebnis, das mit der Quantentheorie übereinstimmt. Mit dieser unorthodoxen Interpretation der Quantenmechanik wollte Hawking nun aber nicht die Geschichte eines einzelnen Elementarteilchens vom Urknall bis heute berechnen, sondern die des ganzen Universums; eine umwerfend selbstbewusste Idee, die Einiges über die Dimension, den Mut und die Verwegenheit des Hawking'schen Denkens aussagt. Es war eine unmöglich erscheinende, titanische Aufgabe, doch Hawking fand einen Weg, die Berechnungen zu vereinfachen, indem er die Teilchengeschichten nicht in der realen Zeit addierte, wie wir sie täglich erleben, sondern in der «imaginären Zeit». Er rechnete bei der Ausführung der Summe über alle Geschichten also mit imaginären, nicht mit reellen Zahlen. Sobald imaginäre Zahlenwerte ins Spiel kommen, spricht man von einer vierdimensionalen euklidischen Raumzeit, in der sich der Unterschied zwischen Raum und Zeit völlig verliert.

Die aus dem Umgang mit imaginären Zahlen resultierende imaginäre Zeit ist also ein klar umrissener mathematischer Begriff und hat nichts mit Phantasiebegabung oder Imagination zu tun. Allerdings gibt es ernst zu nehmende Kritiker, die den Übergang zur imaginären Zeit in der Allgemeinen Relativitätstheorie für problematisch halten. Hawking selbst sagt: *Wenn wir auf die Einstein'sche Gravitationstheorie die Feynman'sche [Summe über alle Geschichten] anwenden, ist jetzt der Geschichte eines Teilchens eine vollständige gekrümmte Raumzeit analog, die die Geschichte des ganzen Universums repräsentiert. Um die technischen Schwierigkeiten zu vermeiden, auf die wir stoßen, wenn wir die Möglichkeiten tatsächlich aufsummieren wollen, müssen wir diese gekrümmten Raumzeiten euklidisch auffassen. Das heißt, die Zeit ist imaginär und ununterscheidbar von den Richtungen im Raum.* (IGZ: 173)

Euklidische Raumzeit und imaginäre Zeit sind mathematische Werkzeuge, um die Gravitation auf der Quantenebene in den Griff zu bekommen; geniale Tricks, um den mathematischen Problemen bei der Anwendung der Feynman'schen Methode auf die Geschichte des gesamten Universums aus dem Weg zu gehen. Mit der Kenntnis der Geschichte des Universums in imaginärer Zeit kann man dessen Verhalten in der realen Zeit berechnen.

Für Stephen Hawking eröffnete die Anwendung der imaginären Zeit auf die Raumzeitkrümmung eine revolutionäre neue Perspektive auf das Standardmodell des Urknalls: Materiedichte und Raumzeitkrümmung sind im frühen Universum extrem groß; sie müssen sich aber nicht zwangsläufig zu unendlichen Werten hochschaukeln, da bei derart komprimierten Räumen und kleinsten Abständen der Quantentheorie zufolge die unerwünschten Unendlichkeiten verhindert werden. Wie das im Einzelnen geschieht, haben wir schon bei der Betrachtung der Hawking-Strahlung Schwarzer Löcher erfahren. (95 f.) Unter den Extrembedingungen des frühen Universums gibt es derart gewaltige Quantenfluktuationen in der Geometrie der Raumzeit, dass der wesentliche Unterschied zwischen Raum und Zeit verschwimmt. Stephen Hawking präzisiert: *Die Zeit wird völlig raumartig. Es ist dann exakter, nicht mehr von der Raumzeit zu sprechen, sondern vom vierdimensionalen Raum.* (USH: 167)

In der reellen und realen Zeit, wie wir sie kennen, führt das Zusammenspiel von Materie und Energie zu Raumzeitkrümmungen, die zu Beginn des Universums, an dessen vermeintlichem Ende und im Inneren Schwarzer Löcher Singularitäten verursachen, die zum Versagen der Allgemeinen Relativitätstheorie führen.

Eine imaginäre Zeitrichtung hingegen könnte mit den drei Raumrichtungen einen vierdimensionalen Raum bilden, in dem die Zeit, wie wir sie kennen, nicht existiert. Stattdessen gäbe es eine neuartige *Raumzeit*, die, *ohne Grenzen und Ränder, in sich geschlossen wäre. Sie hätte keinen Punkt, der sich Anfang oder Ende nennen könnte, sowenig wie die Oberfläche der Erde einen Anfang oder ein Ende hat.* (EiT: 78) Diese Randlosigkeitsbedingung leitet sich allerdings aus keinem Theorem ab, sondern ist lediglich ein Definitionsvorschlag für die Feynman'sche Geschichtensumme.

Mit anderen Worten: In der imaginären Zeit gibt es keine Urknallsingularität, keinen Kollaps des Universums in einem so genannten Großen Endknall, ja, nicht einmal einen Anfang und ein Ende der Zeit. Hier blitzt sie also wieder auf: die partielle Vereinigung von Quantenmechanik und Relativität zu einer Quantentheorie der Schwerkraft, die in einem grandiosen und eleganten Wurf dafür sorgt, dass keine hässlichen Singularitäten die Naturgesetze außer Kraft setzen.

Um dieses Universum ohne Grenzen und Ränder zu veranschaulichen, benutzt Hawking die Erdkugel-Analogie. Seine Kein-Rand-Bedingung schlägt eine gemeinsame Fläche von Zeit und Raum vor. Wenn sich die Zeitrichtung nicht mehr von den Raumrichtungen unterscheidet, dann kann die Raumzeit – ähnlich wie die Erdkugel – endlich in ihrer Ausdehnung sein, ohne Grenzen oder Ränder haben zu müssen. Die Grenzbedingung des Universums lautet dann: Es gibt keine Grenze! Stephen Hawking schreibt in *Die illustrierte Kurze Geschichte der Zeit* dazu: *Wenn das Universum einen Anfang hatte, können wir von der Annahme ausgehen, dass es durch einen Schöpfer geschaffen worden sei. Doch wenn das Universum wirklich völlig in sich selbst abgeschlossen ist, wenn es wirklich keine Grenze und keinen Rand hat, dann hätte es auch weder einen Anfang, noch ein Ende: Es würde einfach sein. Wo wäre dann noch Raum für einen Schöpfer?* (IGZ: 181)

Mit dieser These im Gepäck reiste Hawking 1981 zu der Kosmologiekonferenz im Vatikan. Gegen Ende der Tagung lauschte er den Worten von Papst Johannes Paul II., der den Kosmologen großzügig zugestand, sich mit der Evolution n a c h dem Urknall beschäftigen zu dürfen, solange sie sich nur vom Schöpfungsaugenblick selbst, der das Werk Gottes sei, fern hielten. Die Hawking-Biographen White und Gribbin berichten vom Abschiedsempfang des Papstes für die Physiker in der Residenz Castel Gandolfo, wo der Stellvertreter Christi auf Erden auf einem erhöhten Sitz auf einem Podium thronte und die Physiker an ihm vorbeidefilierten, niederknieten, ein paar Worte mit ihm wechselten und das Podium wieder verließen. Als schließlich Stephen Hawking, der für seinen schwungvollen Fahrstil berüchtigt ist, seinen Rollstuhl vor dem Thron des

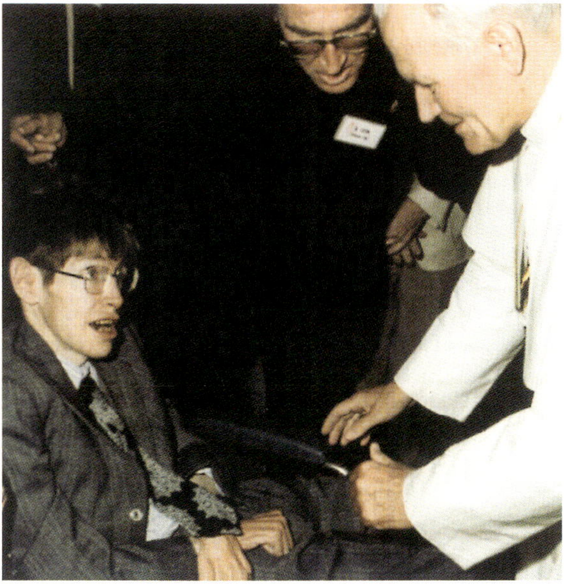

Stephen Hawking bei Papst Johannes Paul II., 1981

Papstes abbremste, erhob er sich und kniete vor Hawking nieder, um besser mit ihm sprechen zu können. «Länger als mit irgendeinem der anderen Gäste unterhielt sich der Papst mit dem Mann im Rollstuhl. Schließlich erhob er sich, klopfte seine Soutane ab und lächelte Hawking zum Abschied zu. [...] An diesem Nachmittag waren viele Katholiken im Saal gekränkt, weil sie die Geste des Papstes als eine unverdiente Auszeichnung des Physikers missverstanden.» (Bio: 233)

Hawking hat keinen Zweifel daran aufkommen lassen, dass die gemeinsam mit seinem amerikanischen Kollegen James Hartle ausgearbeitete Kein-Rand-Bedingung nur ein Vorschlag ist und nicht etwa der Weisheit letzter Schluss. Verfolgt man das Lebenswerk Stephen Hawkings, stellt man schnell fest, dass er immer wieder mit Hypothesen jonglierte, die er so lange überarbeitete, bis sich ein anderes Ergebnis einstellte. Mit seiner Anwendung der Quantentheorie auf den Ereignishorizont Schwarzer Löcher wies er nach, dass die Fläche des toten Sterns abnehmen kann. Vier Jahre zuvor war ihm noch klar gewesen, dass die Fläche niemals kleiner wird.

Doch unter der Beweislast seiner eigenen Berechnungen machte er eine Kehrtwendung um 180 Grad und verkündete, dass ein Schwarzes Loch Strahlung abgibt. Die legendäre Zusammenarbeit mit Roger Penrose führte in der zweiten Hälfte der 1960er Jahre zu dem berühmten Urknallsingularitätstheorem. Die beiden Forscher bewiesen, dass es eine Anfangssingularität gegeben haben muss, wenn die Relativitätstheorie eine korrekte Beschreibung des Universums darstellt. Das klang in den Ohren mancher Freunde und Gegner wie die Bestätigung der Existenz eines biblischen Schöpfergottes. Ein Jahrzehnt später schaffte Hawking schließlich mit seinem grenzenlosen vierdimensionalen Raum in imaginärer Zeit den Urknall ab und machte damit einen Schöpfer überflüssig. Wer will, kann hier Widersprüche und Fehler sehen, doch wer nicht erkennt, dass in beiden Hauptwerken Hawkings zum ersten Mal der Nachweis erbracht wurde, dass bei extrem starken Gravitationsfeldern wie im Schwarzen Loch und beim Urknall die Quantentheorie ins Spiel kommen muss und somit ein viel versprechender Ansatz zu einer Vereinigung von Quantentheorie und Einstein'scher Gravitation vorliegt, verkennt die eigentliche Bedeutung der Arbeit Hawkings.

Hawking selbst empfindet diesen krummen Weg der Erkenntnis als «work in progress» und fühlt sich der Wissenschaftsphilosophie des Positivismus im Sinne Karl Poppers verpflichtet. Nach diesem Ansatz ist eine wissenschaftliche Theorie ein Modell, das die Beobachtungen in einem bestimmten Wirklichkeitsausschnitt am besten beschreibt.

Eine Theorie ist aber immer nur so lange wahr und erfolgreich, wie die Vorhersagen mit den Beobachtungen übereinstimmen. Sollte sich im Laufe der Zeit erweisen, dass durch bessere Instrumente, präzisere Datenauswertung oder vertiefte Einsichten in die jeweiligen Zusammenhänge die Theorie nicht mehr haltbar ist, dann muss sie entsprechend umformuliert oder ganz aufgegeben werden.

Hawkings Berechnungen zur Geschichte des Universums zeigten nun, dass mit zunehmender Größe des Universums auch die Feynmansumme mit immer mehr irregulären Raumzeiten und anwachsender Unordung einherging. Diese Tatsache verleitete ihn zu der Annahme, dass nach dem Erreichen des Maximalwachstums die Unordnung wieder abnehme. So gelangte er zu einer Schlussfolgerung, die er später mit Bedauern zurücknahm: die Theorie von der rückwärts laufenden Zeit in der Kontraktionsphase des Universums.

Stellt man sich im Rahmen der Erdkugel-Analogie den nicht singulären «Beginn» des Universums als Punkt am Nordpol vor, dann sind die nach der Feynman'schen Methode wahrscheinlichsten Geschichten des Universums wie die Oberfläche der Erde. Am Äquator wird sich das Universum zu seiner maximalen Größe ausgedehnt haben. Danach beginnt der umgekehrte Prozess: Das Universum zieht sich wieder zusammen und kollabiert schließlich am Südpol. An beiden Polen besäße der vierdimensionale euklidische Raum zwar die Größe Null, doch da sich die ganze ungeheure Bewegung in imaginärer Zeit vollzieht, gibt es keine Singularitäten, die Anfang und Ende des Universums unzugänglich machten für die Naturgesetze, wie wir sie kennen.

Erinnern wir uns an den Zweiten Hauptsatz der Thermodynamik, der im Zusammenhang mit der Hawking-Strahlung auftauchte. (93 f.) Wir erfuhren, dass mit dem Verstreichen der Zeit die Unordnung eines Systems zunimmt. Das ist die Richtung des thermodynamischen Zeitpfeils. Die trügerische Symmetrie zwischen der Expansions- und der Kontraktionsphase in der Erdkugel-Analogie des Universums in imaginärer Zeit schien den Gedanken nahe

> Zunächst glaubte ich, die Unordnung nähme ab, wenn das Universum rekollabiert. Denn ich meinte, das Universum müsse während des Schrumpfungsprozesses in einen geordneten und gleichmäßigen Zustand zurückkehren. Dann wäre die Kontraktionsphase praktisch die zeitliche Umkehrung der Expansionsphase. Die Menschen in der Kontraktionsphase würden rückwärts leben: Sie würden sterben, bevor sie geboren wären, und mit der Kontraktion des Universums jünger werden.
>
> Stephen Hawking, 1996

zu legen, der thermodynamische Zeitpfeil könne sich umkehren, wenn das Universum kollabiert.

Doch sowohl Hawkings Kollege und Freund Don Page, den er 1975 am CalTech kennen gelernt hatte, als auch sein Student Raymond Laflamme konnten nachweisen, dass das von Hawking benutzte Modell des Universums zu einfach war und dass die Kein-Rand-Bedingung schon bei einem nur geringfügig komplexeren Modell vorhersagt, dass sich der thermodynamische Zeitpfeil auch während der Kontraktionsphase nicht umkehre. So blieb Stephen Hawking nichts anderes übrig, als seinen Fehler einzugestehen.

Die Zunahme von Entropie oder Unordnung mit dem Verstreichen von Zeit ist eine Grundvoraussetzung für die Entwicklung intelligenten Lebens. Bei der Verwertung von Nahrung wird geordnete Energie in chaotische Wärmeenergie umgewandelt. Dabei nimmt die Gesamtunordnung in einem Maße zu, die es den geordneten Zuständen nicht erlaubt, die Oberhand zu gewinnen. Stephen Hawking führt in seinem Buch *Die illustrierte Kurze Geschichte der Zeit* das berühmte Beispiel an, dass beim Lesen und Verstehen seines Buches die Ordnung im Gehirn des Lesers zwar um zwei Millionen Einheiten anwachse, der Körper im Gegenzug allerdings die Unordnung im Universum in Form von Schweißabsonderung und Wärmeleitung während des Lesens um das Zehnmillionenmillionenmillionenfache erhöht habe. Er stellt klar: *Nicht die Expansion des Universums verursacht die Zunahme der Unordnung, sondern die Kein-Rand-Bedingung bewirkt, dass nur in der Expansionsphase die Unordnung zunimmt und die Verhältnisse für intelligentes Leben geeignet sind.* (IGZ: 194)

Aus dem Vorhandensein des thermodynamischen Zeitpfeils lässt sich schließen, dass wir uns noch in der Expansionsphase des Universums befinden und dass das Universum in einem durch Quantenfluktuationen eingeschränkten Ordnungszustand begonnen haben muss. Um zu verstehen, warum unser gegenwärtig beobachtbares Universum in jeder Richtung gleich aussieht, haben die Kosmologen ein Modell vorgeschlagen, nach dem das frühe Universum eine Phase hyperinflationärer Expansion durchlaufen haben muss, damit das Licht in alle Regionen gelangen konnte. (📖 GKN) Dreizehn Jahre nach der Veröffentlichung seines Bestsellers präzisiert Hawking in seinem Buch *Das Universum in der Nussschale* die Konsequenz der inflationären Expansion für das Universum in imaginärer Zeit: *Wäre die Geschichte des Universums in imaginärer Zeit eine vollkommene Kugel, dann wäre die entsprechende Geschichte in der reellen Zeit ein Universum, das seine inflationäre Expansion ewig fortsetzen würde. In einem solchen inflationären Universum könnte sich die Materie nicht zu Galaxien und Sternen zusammenballen, und somit könnte sich auch kein Leben entwickeln, schon gar keine intelligenten Lebensformen wie wir.* (Nus: 101)

Die das frühe Universum am wahrscheinlichsten widerspiegelnden Formen in der Feynman'schen Geschichtenvielfalt sind daher nicht die glatten vollkommenen Kugelflächen, sondern diejenigen mit winzigen Ausbuchtungen und Kräuselungen, die alle verschieden lange inflationäre Phasen durchlaufen, um genügend zusätzliche Gravitation zu erzeugen, sodass die Expansion zum Stillstand kommt und die Materie sich zu Galaxien und Sternen anhäufen kann. Die Kein-Rand-Bedingung Hawkings und Hartles führt also zusammen mit der Feynman'schen Geschichtenvielfalt zu der Vorhersage, dass die gleichförmige Expansion unseres Universums in alle Richtungen, wie sie jetzt durch die moderne Astronomie beobachtet worden ist, zu den wahrscheinlicheren Geschichten gehört.

Wenn nun in der imaginären Zeit die Naturgesetze an den Raumzeiträndern nicht versagen, das Universum endlich und in sich geschlossen ist, aber – wie die Erdoberfläche – keine Grenzen hat, dann könnte ein positivistisch gesinnter Wissenschaftler wie Stephen Hawking den Standpunkt einnehmen, dass die imaginäre Zeit eine nützlichere Beschreibung der Wirklichkeit liefert als die «reale» Zeit, mit der wir vertraut sind. So verteidigt er denn auch die imaginäre Zeit gegen die Einwände von Kritikern, die auf dem Konzept der realen Zeit bestehen. Dabei scheut er sich nicht, den neuen Zeitbegriff mit den bahnbrechenden Ideen von Kopernikus, Galilei und Einstein auf eine Stufe zu stellen. Dass die Erde eine Kugel ist und keine Scheibe; dass sie sich um die Sonne dreht und nicht umgekehrt; dass die Zeit für jeden Beobachter unterschiedlich lang werden kann: Diese Gedanken waren revolutionär und stießen auf Ablehnung. Womöglich geht es den Zeitgenossen des neuen Millenniums ähnlich, wenn sie geistig den Sprung wagen und akzeptieren sollten, das Universum könne statt einer einzigen Geschichte jede mögliche Geschichte haben. (EiT: 77)

Natürlich ist die Forschung augenblicklich längst nicht in der Lage, den Feynman'schen Quantenzustand des gesamten Raumzeitgefüges auszurechnen, doch mit der Einführung der imaginären Zeit in die Betrachtung der Evolution des Universums steht ein mathematisches Werkzeug zur Verfügung, mit dessen Hilfe in einer womöglich nicht allzu fernen Zukunft die Vereinigung von Feynman'scher Quantengeschichtenvielfalt und Einstein'scher Gravitationstheorie zu einer vollständigen Beschreibung der Wirklichkeit gelingen könnte.

Eine kurze Geschichte der Zeit

Eine der meistzitierten Sentenzen Albert Einsteins ist sein Urteil über die Quantentheorie: «Der Herrgott würfelt nicht.» Einstein konnte sich einfach nicht damit abfinden, dass auf dem tiefsten Grund der Materie, auf der Quantenebene, nur noch Wahrscheinlichkeiten und Unbestimmtheiten herrschen sollten, noch dazu im Rang von Naturgesetzen. Physikalische Gesetze, die keine klare Vorhersage über das Verhalten von Materie machen konnten, passten nicht in das Weltbild des Mannes, dessen Großtaten die Welt bewegt hatten. Einsteins Abneigung gegen die Quantentheorie trug gewiss dazu bei, dass seine Bemühungen, eine vereinheitlichte Theorie zu entwickeln, scheitern mussten. In Anspielung auf die Rolle der Quantentheorie im Inneren der Schwerkraftfalle eines Schwarzen Lochs nahm Hawking das berühmte Diktum Einsteins viele Jahre später wieder auf, um zu dem Schluss zu kommen: *Einstein hatte also Unrecht, als er behauptete, dass Gott nicht würfle. […] [Gott würfelt] nicht nur, sondern verwirrt uns manchmal dadurch, dass er die Würfel dorthin wirft, wo sie nicht gesehen werden können.* (RuZ: 40)

Der späte Einstein nötigte der nachfolgenden Generation von Elitephysikern ohnehin deutlich weniger Respekt ab als der frühe. Das Bild, mit dem Roger Penrose die dreißig letzten Lebensjahre Einsteins kommentiert, lässt an Deutlichkeit nichts zu wünschen übrig: «In der Tat hätte sich Einstein […] von 1925 an damit begnügen können, fischen zu gehen. Es stimmt schon, dass er danach keine großen Fortschritte mehr machte […], weil ein wesentlicher Punkt dort noch fehlte. Dieser Punkt ist die Strahlung Schwarzer Löcher, die Stephen fünfzig Jahre später entdeckte.» (RuZ: 184 f.) Aber auch Werner Heisenberg, dem 1925 auf dem roten Felsen in der Nordsee der entscheidende Einblick in die Natur des Mikrokosmos gelang, suchte bis zu seinem Tod 1976 vergeblich nach einer Synthese von Quantentheorie und Allgemeiner Relativität.

1983, zwei Jahre nach der denkwürdigen Konferenz im Vatikan, hatte Stephen Hawking die Kein-Rand-Hypothese gemeinsam mit James Hartle präzisiert und voll ausgearbeitet. Nach der Arbeit über die Strahlung Schwarzer Löcher war diese Anwendung der Feynman'schen Geschichtenvielfalt auf die Raumzeitkrümmung der Relativitätstheorie bereits sein zweiter Anlauf zur Formulierung einer Quantentheorie der Gravitation, der zu interessanten Ergebnissen geführt hatte.

James Hartle entwickelte gemeinsam mit Hawking die so genannte Kein-Rand-Bedingung. Foto von 2001

Die in Rom, dem Zentrum der Schöpfungsgläubigkeit, erstmals in den Formalismen der mathematischen Sprache präsentierte Antwort auf die ewig bewegende Frage nach dem Woher und Wohin des Universums und damit auch der menschlichen Existenz kam ohne einen Schöpfer aus! Stephen Hawkings Universum war eine von äußeren Einflüssen vollkommen unabhängige, von Naturgesetzen bestimmte, in sich abgeschlossene Raumzeit ohne Anfang und ohne Ende, grenzenlos und voller Möglichkeiten steckend, aber auch mitbestimmt vom Fallen der Quantenwürfel in dunklen Ecken, die dem menschlichen Blick verborgen sind.

Seit einiger Zeit schon machte Hawking sich Gedanken darüber, wie er dieses spannende Thema in einem Buch präsentieren könnte, das sich nicht so sehr an die Fachkollegen rund um den Globus wandte, sondern an den interessierten Laien, der den mathematischen Höhenflügen in den Fachzeitschriften nicht mehr folgen konnte. Zwar gab es bereits einige populäre

Sachbücher über Schwarze Löcher oder den Urknall, doch Stephen Hawking war der Ansicht, dass keines von ihnen die wirklich zwingenden Fragen nach Ursprung und Schicksal des Universums stellte.

Einen nicht unerheblichen Einfluss auf dieses Vorhaben hatte wohl Simon Mitton, Hawkings Verleger bei der Cambridge University Press. 1973 hatte Mitton bereits Hawkings erstes Buch *The Large Scale Structure of Spacetime* betreut, das er gemeinsam mit George Ellis geschrieben hatte, ein Fachbuch, das noch heute als Standardwerk der klassischen Relativitätstheorie gilt. Schon seit Beginn ihrer Zusammenarbeit hatte Mitton sich immer wieder bemüht, Hawking ein allgemein verständliches Kosmologiebuch abzuringen. 1981 hatte er einen mit Formeln gespickten Konferenzband *Superspace And Supergravity* herausgegeben, und nun, im Januar 1983, handelten sie gerade den Vertrag über einen neuen Band *The Very Early Universe* aus, der auf einem ähnlich hohen mathematischen Abstraktionsgrad angesiedelt war. Bei dieser Gelegenheit kamen sie abermals auf das populärwissenschaftliche Projekt zu sprechen, und es stellte sich sehr schnell heraus, dass Stephen Hawking zwar durchaus interessiert war, aber eine Menge Geld dafür haben wollte. Seine Tochter Lucy war nun elf Jahre alt und sollte im nächsten Jahr zur Perse School überwechseln, derselben Privatinstitution, an der schon ihr Bruder Robert unterrichtet wurde. Wenigstens die Schulgebühren wollte sich Hawking mit dem neuen Buch verdienen. Außerdem nahmen die Hawkings seit kurzem den Dienst von Gemeindeschwestern und privaten Krankenpflegerinnen in Anspruch, um Jane zu entlasten. Vielleicht konnte er ja durch ein gutes Honorar obendrein noch die gestiegenen Pflegekosten ein wenig auffangen. Wenn er schon seine Forschung vernachlässigte, um ein populäres Sachbuch zu schreiben, dann sollte es sich für ihn auch lohnen.

Ein erstes Probekapitel war Simon Mitton, der selbst ein recht erfolgreicher Sachbuchautor war, noch viel zu mathematisch und veranlasste ihn zu dem inzwischen unzählige Male zitierten und zum geflügelten Wort avancierten Ausspruch:

«Jede Gleichung halbiert die Verkaufszahlen.» Nach zähen Verhandlungen hatte der als hartnäckig bekannte Hawking seinem Verleger einen Vorschuss von 10 000 Pfund abgeknöpft, was einen neuen Rekord in der Geschichte der Cambridge University Press bedeutete. «Am nächsten Tag schickte Mitton Hawking einen Vertrag ins Büro. Er hat ihn nie zurückerhalten.» (Bio: 256)

Denn inzwischen war man auch in der Verlagswelt jenseits des Atlantik aufmerksam geworden. Der Lektor des Bantam Verlags, Peter Guzzardi, und der Literaturagent Al Zuckerman hatten von Hawkings Buchprojekt erfahren und die Witterung aufgenommen. Die bewegende Geschichte eines genialen Wissenschaftlers, der bedeutende Einsichten in Ursprung und Schicksal der Welt hat, in der wir leben, und mit eisernem Willen gegen eine furchtbare Krankheit ankämpft, die ihn zu vollständiger Kommunikationslosigkeit zu verurteilen droht, schien eine aufregende und auch ökonomisch hochinteressante Kombination zu sein. Also mischte sich Zuckerman ein und begann ein Pokerspiel um die Rechte. Er nahm Kontakt mit Hawking auf und überredete ihn, Simon Mittons Vertrag noch nicht zu unterschreiben. Denn er sei davon überzeugt, in den USA mehr als 10 000 Pfund Vorschuss aushandeln zu können.

Auf der Grundlage eines hundert Seiten umfassenden Manuskripts versteigerte Zuckerman das Buch unter den größten amerikanischen Verlagshäusern. Am Ende blieb nur noch Peter Guzzardis Angebot von sage und schreibe 250 000 Dollar Vorschuss und einer großzügigen Gewinnbeteiligung übrig. Hawking unterschrieb, wobei «Bantams Zusicherung, das Buch werde in jedem amerikanischen Flughafenkiosk erhältlich sein, wesentlich zum Zustandekommen des Abschlusses beigetragen [hatte]» (Bio: 259).

Schnell zeigte sich eine grundsätzliche Schwierigkeit während der achtzehn Monate der Zusammenarbeit zwischen dem Lektor in New York und dem Autor in Cambridge. Stephen Hawking war es wegen seiner Behinderung gewohnt, sich stets so knapp wie möglich auszudrücken. Er riskierte dabei häufig große Gedankensprünge und vertraute darauf (oft vergeblich), dass seine Partner das Ausgelassene schon wieder herstellen und die Zusammenhänge verstehen würden. Peter Guzzardi hatte keine wissenschaftliche Vorbildung, aber er machte sich kundig und beharrte auf dem Anspruch, jede Zeile selbst verstehen zu wollen, bevor er den Text veröffentlichen konnte. Also schickte er Hawking immer wieder lange Listen mit Fragen und Anweisungen zum Umschreiben des Manuskripts – für den hofierten Starphysiker eine völlig neue Erfahrung, die ihn zunächst verärgerte. Doch begriff er recht schnell, dass Guzzardi ihn mit seiner kritischen Betreuung auf die Erfolgsspur in Richtung Bestsellerlisten lenkte.

Zu Weihnachten 1984 war Hawking mit dem Manuskript fertig. In der Branche sickerte die Information durch, dass nach dem Grad der Begeisterung, die man bei Bantam wahrnehme, dort etwas Bombastisches ausgebrütet werde; ein sündhaft teuer eingekauftes Buch über die neuesten Fortschritte in der kosmologischen Forschung, die an die Suche nach dem Gral erinnere.

Anfang August 1985 hielt Hawking sich in Genf auf, wo er am CERN, dem europäischen Kernforschungszentrum, seine Grundlagenforschung fortsetzen und das Manuskript für Guzzardi überarbeiten wollte. Während Jane in Deutschland Freunde besuchte, wurde Stephen in Genf von seinem Assistenten Raymond Laflamme und einer Pflegerin rund um die Uhr betreut. Eines Nachts fanden sie ihren Patienten in einem Zustand akuter Lebensgefahr vor. Seine Luftröhre hatte sich verengt, was eine Lungenentzündung verursacht hatte. Hawking drohte zu ersticken. Es war eine der bedrohlichsten Entwicklungen der ALS-Krankheit, die oft genug zum Tode führt.

Gribbin und White behaupten in ihrer Biographie, dass der Dienst habende Arzt im Genfer Kantonsspital kurz zuvor eine Fernsehsendung über Hawking gesehen hatte und deshalb sofort wusste, welche Medikamente sein berühmter Patient vertrug. (Bio: 264f.) Als Jane im Krankenhaus eintraf, war ihr Mann zwar außer Lebensgefahr, aber an ein Beatmungsgerät angeschlossen, ohne das er erstickt wäre. Seine Überlebenschancen, so bedeuteten ihr die Ärzte, seien allerdings gering, sofern man sich nicht für einen Schnitt in die Luftröhrenvorderwand entschied, um eine Kanüle für die künstliche Zuführung von Atemluft einzusetzen. Nach dieser Operation würde er allerdings nie wieder sprechen können. Es lag nun an Jane, ihre Einwilligung zu geben. Angesichts der Alternative konnte es allerdings nur eine einzige Entscheidung geben.

Nach vielen Wochen der Nachbetreuung in einer Cambridger Klinik kam Hawking wieder zurück in sein Haus an der West Road. «Er erholte sich nur langsam. Seine einzige Möglichkeit, sich mitzuteilen, war, zu buchstabieren. Und auch das ging nur sehr langsam und mühsam vor sich, indem er seine Augenbrauen hochzog, wenn jemand auf den richtigen Buchstaben auf einer Tafel zeigte.» (USH: 178)

In einem wichtigen Stadium seines Buchprojekts hatte Hawkings Behinderung plötzlich eine neue Dimension angenommen. Doch so bitter es auch sein mochte, dass er nie wieder ein Wort würde sprechen können: Wie zu dem Zeitpunkt, als er auf den Rollstuhl umstieg und feststellte, dass er schneller als zuvor überall hinkam, so erlebte er jetzt, auf einem neuen Tiefpunkt seiner Krankheit, eine ähnliche Erweiterung seiner Kommunikationsfähigkeit. Sie kam in Form eines Computerprogramms namens «Equalizer» und stammte von dem amerikanischen Softwaredesigner Walt Woltosz. Aus einer Reihe von Menüs auf dem Monitor konnte Hawking jetzt ganze Wörter aussuchen und sie zu Sätzen aneinander reihen, indem er mit einem der beiden noch beweglichen Finger einen Schalter drückte. Das Vokabular umfasste anfangs 2500 Wörter und etwa 200 mathematische und physikalische Fachbegriffe. *Das Programm lässt sich auch mit Hilfe eines Schalters steuern, den man durch Kopf- oder Augenbewegungen bedient. Wenn ich genügend Text zusammengestellt habe, kann ich ihn an einen Sprachsynthesizer überspielen, der mit einem Computer auf meinem Rollstuhl montiert ist. Dank dieses Systems kann ich mich viel besser verständlich machen als vorher. Ich schaffe bis zu fünfzehn Wörter pro Minute.* (SHW: 180)

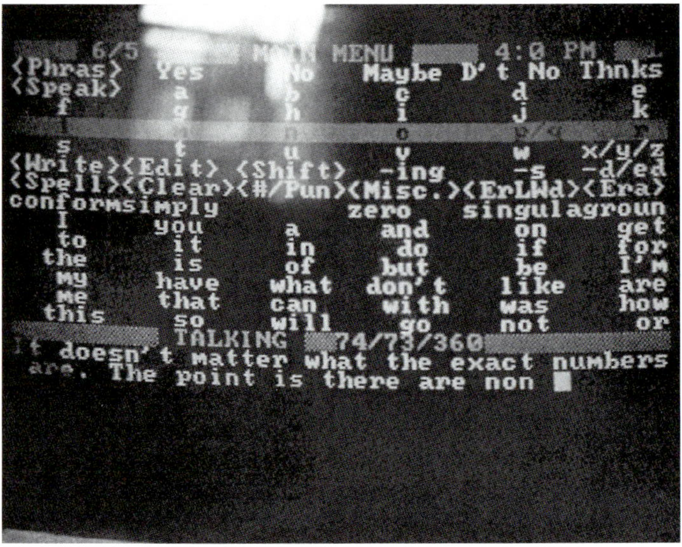

Hawking kommuniziert mit Hilfe dieses Bildschirms. Wenn er die benötigten Wörter herausgesucht hat, erscheint der Satz im unteren Teil des Monitors.

Hawkings Biographin Kitty Ferguson, die eine Serie von Interviews mit ihm führte und deshalb die Synthesizerstimme sehr gut kennt, schreibt: «[Sie] kann ihren Tonfall ändern und klingt auch nicht wie ein Roboter, ein für Hawking äußerst wichtiger Aspekt. Er hätte gern einen britischen Akzent. […] Einige Leute wollen einen amerikanischen oder skandinavischen Akzent heraushören. Für mich klingt er eher ostindisch. Gefühl kann Hawking seiner Stimme allerdings nicht verleihen. Sie klingt gemessen, nachdenklich und unvoreingenommen.» (USH: 181)

Von nun an konnte Hawking bei Vorlesungen und öffentlichen Vorträgen auf die «Dolmetscherarbeit» seines jeweiligen Assistenten verzichten. Wer sich selbst einen Eindruck von der Synthesizerstimme Stephen Hawkings machen möchte, findet im Internet eine ganze Reihe seiner Vorträge, die sich als Audiodatei herunterladen lassen. Auf der Website der University of California in Santa Barbara kann man sich zum Beispiel in einen Audioclip von Hawking einklinken. (💻 9)

1986 starb sein Vater. Er war schwer erkrankt, als Stephen sich noch von seinem Luftröhrenschnitt erholte. Vater und Sohn hatten sich zwar im Laufe der Jahre auseinander gelebt, doch soll Frank Hawking die Rohfassung von Stephens neuem Buch noch interessiert gelesen haben. (SHW: 183)

Die Veröffentlichung von *Eine kurze Geschichte der Zeit* war jetzt für den April 1988 vorgesehen. Guzzardi hatte diesen Titel gegen Hawkings anfängliche Skepsis durchgesetzt. Während beide in bewährter Teamarbeit dem Manuskript den letzten Schliff gaben, telefonierte Agent Al Zuckerman wegen der Lizenzvergabe in der Welt herum und war von der Resonanz überrascht: Selbst aus der Sowjetunion und Süd-Korea trafen Angebote ein. Völlig unerwartet für alle Beteiligten verließ Peter Guzzardi kurz darauf den Verlag, sodass das ganze Projekt in die Hände eines neuen Lektors geriet. Diesem wurde angesichts der Größe der Planung, die er vorfand, etwas mulmig, und er reduzierte die Startauflage auf 40 000 Exemplare. Und die wurde sofort wieder eingestampft, nachdem ein Wissenschaftler, der eine Rezension für die Zeitschrift «Nature» schreiben wollte, entdeckt hatte, dass sein Vorabexemplar von Fehlern strotzte. Stephen Hawking erinnert sich in *Einsteins Traum* daran: *Fotos und Diagramme standen am falschen Platz oder waren falsch beschriftet. Sofort rief er bei Bantam an, wo man ebenso entsetzt war. […] Drei Wochen fieberhafter Korrektur- und Lektoratsarbeiten waren nötig, um das Buch doch noch rechtzeitig zum angekündigten Erscheinungstermin im April in die Buchhandlungen zu bringen.* (EiT: 273)

Ein groß aufgemachtes Feature über Hawking im renommierten «Time Magazine» unmittelbar vor der Auslieferung der ersten Auflage stimmte alle Beteiligten optimistisch, aber letzten Endes war niemand auf den überwältigenden Erfolg und den Siegeszug vorbereitet, mit dem das Buch den Spitzenplatz der Bestsellerlisten in vielen Ländern eroberte. Auch in

Deutschland katapultierte das große Interesse der Öffentlichkeit das im Rowohlt Verlag erschienene Buch in kürzester Zeit auf Platz eins der «Spiegel»-Bestsellerliste, wo es mehr als ein Jahr an der Spitze blieb.

Eine kurze Geschichte der Zeit wurde zum Kultbuch und sein Autor endgültig zur lebenden Legende. Fünf Jahre später stand das Werk noch immer auf der Bestsellerliste der Londoner Zeitung «Sunday Times»; ein halbes Jahr zuvor war es wegen der höchsten Zahl von Platzierungen ins «Guinnessbuch der Rekorde» aufgenommen worden. Es wurde mit über zehn Millionen weltweit verkauften Exemplaren das mit Abstand erfolgreichste Sachbuch des 20. Jahrhunderts. Hawking gelang damit abermals Unglaubliches, nämlich die Popularisierung eines Zweigs der Naturwissenschaften, der für eine Komplexität des Denkens steht, die im Grunde nur noch einer Hand voll Elitephysikern zur Gänze sich erschließt. Kurz nach dem Start des Buches in Deutschland machte sich der «Spiegel»-Autor Henry Glass Gedanken über das Phänomen, dass die bis dato unzugänglichen Theorien über den Beginn des Universums seit der Veröffentlichung von Hawkings Buch plötzlich wie selbstverständlich im Party-Smalltalk rund um den Globus auftauchten. Glass erklärt die Faszination durch das Buch damit, dass es «eine Art weltlicher Genesis» präsentiere, «die eine diesem kurzgläubigen und beweisorientierten Zeitalter entsprechende Antwort gibt auf die letzte Frage – die nach dem Warumwoherundwohin. Der mit dem weißen Bart [...] hat als Schöpfer nun endgültig ausgedient; an seine Stelle tritt eine

Hawking mit Frau Jane und den Söhnen Robert (links) und Tim auf dem Weg zur Verleihung der Ehrendoktorwürde der Cambridge University, Juni 1989

mathematische Gleichung, die nur lösbar ist mit Hilfe des Computers, des Götzen der neuen Zeit.» (Spi: 258)

Zum Erfolg des Buches hat zweifellos beigetragen, dass es in bester anglo-amerikanischer Tradition auch die anspruchsvollsten Fragen unangestrengt und eingängig vermittelt und eine bis ins letzte Detail verständliche Sprache pflegt. Die Großartigkeit des Hawking'schen Gedankengebäudes, seine unerschütterlichen Versuche, die Gegensätze von Gravitation und Quantentheorie zu vereinen, erfordern vom Leser freilich Vorurteilsfreiheit: Wer bereit ist, ihm zu folgen in die bizarren Dimensionen des Allergrößten und Winzigkleinsten, die so gar nichts menschlich Vertrautes bieten, kann das Buch mit großem Gewinn lesen.

Selbstverständlich mischten sich unter die allgemeine Begeisterung über das Buch auch die Stimmen kritischer Rezensenten. So empfand Hans Günter Holl in der Wochenzeitung «Die Zeit» Hawkings imaginäre Zeit als «nebulösen Begriff» und deren Anwendung auf Urknall und Endkollaps als «metaphysische Fehldeutung». Er setzte sich auf die Spur erkenntnistheoretischer Unsicherheiten und Ungenauigkeiten Hawkings und geißelte dessen angebliche «Unkenntnis der philosophischen Grundlagen der neuzeitlichen Physik». (Zei)

Gleichsam stellvertretend wurde hier der ablehnenden Haltung eines Teils des wissenschaftlichen Establishments Ausdruck verliehen, die nicht zuletzt Hawkings launigen Stil und unakademischen Esprit verdächtig fanden und deshalb unnachgiebig Flüchtigkeitsfehler in Sekundärbereichen suchten, um seine innovativen Konzepte abqualifizieren zu können. Hawkings Popularität hat es keinen Abbruch tun können. Im Gegenteil: Sie war auf ihrem Gipfel angelangt.

Quarks – Quasare – Quantenschwerkraft

Im August 1990 waren weltweit acht Millionen Exemplare des Buches verkauft, und der Rummel um Hawkings Person nahm teilweise groteske Züge an. Im Gegensatz zu Jane und den Kindern genoss er es, wenn er auf dem Weg durch Cambridge auf sein Buch angesprochen wurde. Und für den Fall, dass wieder einmal amerikanische Touristen mit dem Finger auf ihn zeigten und ausrufen sollten: «Schaut mal, da ist Steve Hawkins!», hatte er einen Standardspruch für seinen Computer programmiert: *Ich werde ständig mit diesem Mann verwechselt.* (Obs) Während Hawking also auf der Woge seines grandiosen Erfolges schwamm, gaben sich Journalisten, Fernsehteams, Rechtehändler und Biographen in Hawkings Institut und in seinem Haus in Cambridge die Klinke in die Hand, um dem Phänomen Stephen Hawking auf die Spur zu kommen. In einer Szene des BBC-Dokumentarfilms «Master of the Universe» (1989) fährt Hawking im Rollstuhl durch das Eingangsportal des Londoner King's College. Nach der Fernsehausstrahlung registrierte die dortige Zulassungsstelle eine ungewöhnlich hohe Zahl an Studienbewerbern, die in ihrer Begeisterung fälschlicherweise davon ausgegangen waren, Hawking lehre am King's College. (Bio: 304)

1989 wurde er von Königin Elizabeth II. in den Rang eines «Companion of Honour» befördert – eine der höchsten Ehrungen des Landes. Die Verleihungen internationaler Ehrendoktorwürden und Preise rissen nicht ab. Selbst seine eigene Universität ernannte ihn zum Doktor h.c., eine höchst seltene Auszeichnung für Mitglieder der eigenen Fakultät, die Hawking aus der Hand von Prinz Philip, dem Rektor der Universität, entgegennahm. Seine wissenschaftliche Arbeit trat bei all den Auszeichnungen und Einladungen, mit denen er jetzt überhäuft wurde, ein wenig in den Hintergrund. Da er das

Reisen liebte, ließ er kaum eine Veranstaltung aus, auch wenn sie am anderen Ende der Welt stattfand.

In der schon erwähnten BBC-Dokumentation von 1989 sagte Jane Hawking Sätze, die aufhorchen ließen: «Ich war immer schon sehr optimistisch, und ich habe Stephen damit angesteckt. Seine Entschlossenheit hat die meine inzwischen weit überholt. Ich komme da nicht mehr mit. Ich glaube, er neigt dazu, seine Behinderung dadurch überzukompensieren, dass er absolut alles tut, was ihm in den Sinn kommt.» (USH: 215)

Lief Stephen Hawking Gefahr, dass ihm die vielen Superlative zu Kopf stiegen? Freunde und Kollegen, die ihm den Erfolg von Herzen gönnten, zeigten sich überrascht davon, wie genüsslich er den Ruhm auskostete. Neigte er dazu, sich tatsächlich als Master of the Universe zu betrachten, ein Titel, den ihm die als seriös geltende BBC verliehen hatte? Hatte er sich seiner Familie, vor allem aber Jane entfremdet? Die gläubige Christin hatte, wie Freunde wohl wussten, ihren Mann in letzter Zeit manches Mal zurechtgewiesen, er sei nicht Gott.

Trotz solcher Probleme zwischen Stephen und Jane fielen die Freunde der Hawkings aus allen Wolken, als sie im Frühjahr 1990 erfuhren, dass diese so außergewöhnliche Ehe zerbrochen war. Hawking hatte sich von seiner Frau getrennt. Keiner von beiden äußerte sich öffentlich über die genauen Gründe, doch wäre es mit Sicherheit zu einfach, sie nur auf die Schwierigkeiten, die der überwältigende Erfolg mit sich brachte, oder auf einen religiösen Konflikt zu reduzieren. Stephen Hawking zog mit Elaine Mason, einer seiner Krankenpflegerinnen, in eine gemeinsame Wohnung. Schon seit Jahren war sie es gewesen, die ihn auf seinen Auslandsreisen und am Arbeitsplatz betreute, während Jane von den Pflegearbeiten weitgehend befreit war und sich ihrem Beruf, dem religiösen Freundeskreis und ihren Hobbys widmete. Seine neue Lebensgefährtin war mit David Mason verheiratet, dem Techniker, der Hawkings Rollstuhlcomputer montiert hatte.

Seit der Trennung von Jane verschanzt sich Stephen Hawking wieder hinter seiner Arbeit, hartnäckiger als je zuvor. Es

Stephen Hawking mit seiner zweiten Ehefrau Elaine, 2001

kommt so gut wie nie mehr vor, dass er über seine Familie oder sein neues Privatleben spricht. Die Gretchenfrage wehrt er jetzt höflich, aber bestimmt ab.

In einem 1988 geführten Interview mit dem «Spiegel» gab Hawking noch eine eindeutige Antwort auf die Gretchenfrage:
«Spiegel: Glauben Sie an Gott oder an die Vorstellung irgendeiner höheren Macht?
Hawking: Ich glaube nicht an einen persönlichen Gott.
Spiegel: Heißt das, dass Sie an einen unpersönlichen Gott glauben?
Hawking: Wenn Sie wollen, können Sie sagen, Gott sei die Verkörperung der physikalischen Gesetze. Aber das ist nur verwirrend, da die meisten Menschen das Wort Gott mit einem Wesen verbinden, zu dem man eine persönliche Beziehung haben kann. Die Gesetze der Physik aber haben wenig Persönliches an sich.»
(Spi: 265f.)

Die Filmrechte an dem außergewöhnlich erfolgreichen Buch erwarb der amerikanische Fernsehproduzent Gordon Freedman. Drei Jahre lang arbeitete er mit einem Budget von dreieinhalb Millionen Dollar an einer dokumentarischen Filmversion des Buches. Seinem Regisseur Errol Morris gelang es, dem Menschen Stephen Hawking näher zu kommen, der sich hinter dem weltberühmten Physiker verbirgt. Er forschte dazu nach Verwandten, Freunden, Schulkameraden, Kommilitonen und Kollegen, die Hawking ein Stück seines Lebens begleitet hatten, interviewte sie und gelangte auf diese Weise zu einer erfrischend vielseitigen dokumentarischen Bestandsaufnahme. Selbstverständlich erschien auch ein Buch zum Film zum Buch unter dem Titel *Stephen Hawkings Welt. Ein Wissenschaftler und sein Werk.* Interviews mit Stephen Hawkings Ex-Frau Jane aber suchen Betrachter des Films und Leser des Buchs vergeblich.

Welche Leistungen durfte man jetzt noch von Stephen Hawking erwarten? Der Titel seiner Antrittsvorlesung als neuer Lukasischer Professor für Mathematik im April 1980 hatte gelautet: *Ist das Ende der theoretischen Physik in Sicht?* Und seine Zuhörer schienen sich zu fragen, ob er gleich zu Beginn der prestigeträchtigen Professur seine Arbeit für überflüssig erklären wollte. Diese rhetorische Überschrift war natürlich nur eine kleine, typisch Hawking'sche Koketterie und wollte lediglich darauf hinweisen, dass die Chancen für die Erarbeitung einer vereinheitlichten Theorie der Physik gut standen. Die Suche nach der «Weltformel» – sie treibt Hawkings Forschungen bis heute voran.

Was muss eine solche vereinheitlichte Theorie leisten? Ist es überhaupt vorstellbar, dass sich alle physikalischen Wechselwirkungen in einem einzigen Gleichungssystem zusammenfassen lassen? Kann man die Teiltheorie der Einstein'schen Gravitation mit der Quantentheorie verbinden, ohne dabei die absurden unendlichen Energie- und Massewerte zu erhalten, die auf dem Papier zu einer unendlichen Raumzeitkrümmung führen, was aber nicht mit den empirischen Daten übereinstimmt? Oder wäre dies die Quadratur des Kreises?

Die Suche nach der «Weltformel», die die Kräfte zwischen den Elementarteilchen mit der Schwerkraft verbindet, begann schon in den 20er Jahren, als die erste befriedigende Form der Quantentheorie vorlag. Wie wir bereits gesehen haben, scheiterten Einstein und Heisenberg mit ihren Versuchen. (🗎 120) Gegenwärtig müssen die Physiker noch drei Teiltheorien bemühen, um alle Naturphänomene zu erklären. Die erste ist die Allgemeine Relativitätstheorie. Als Theorie der Gravitation beruht sie auf der «klassischen» Annahme, das Universum könne als Kontinuum aufgefasst werden, in dem beliebig kleine Energie- oder Zeiteinheiten gemessen werden können. Sie ist daher nicht vereinbar mit der Quantentheorie, die die Kräfte zwischen den Elementarteilchen beschreibt und ein diskontinuierliches Bild des Universums zeichnet. Hier gibt es sehr wohl eine kleinste Einheit und unterste Grenze, mit der das Licht abgestrahlt wird: das «Quant» nämlich, das der neuen Theorie ihren Namen gab. Maxwells ebenfalls klassische Theorie des Elektromagnetismus wurde in den 1940er Jahren vor allem von Richard Feynman mit den Erkenntnissen der Quantentheorie aktualisiert und Quantenelektrodynamik (QED) genannt. (🗎 54 f.) Sie beschreibt zwar hervorragend die Beziehungen zwischen Licht und Materie, zeichnet aber nicht verantwortlich für die Kraft, die «starke Wechselwirkung» genannt wird und die Teilchen im Atomkern zusammenhält. Zur Gravitation, Quantenelektrodynamik und starken Wechselwirkung gesellt sich noch eine vierte Kraft, die «schwache Wechselwirkung» heißt und die Gesetze des radioaktiven Zerfalls regelt. 1983 fand ein Team am Genfer CERN Spuren von Teilchen, die eine Vereinigung von schwacher Wechselwirkung und der Quantenbeschreibung des Elektromagnetismus «zur elektroschwachen Theorie» zuließen, sodass nur noch drei Teiltheorien übrig blieben.

Bei seiner Antrittsvorlesung 1980 war Hawking optimistisch genug, um eine vereinheitlichte Theorie für den Beginn des 21. Jahrhunderts vorauszusagen. Inzwischen ist er bescheidener geworden. In den ersten Jahren des neuen Jahrhunderts wird die starke Wechselwirkung noch immer unter dem Begriff Quantenchromodynamik (QCD) untersucht. Hier geht es um die nach dem aktuellen Stand der Forschung grundlegenden Teilchen des Universums, sozusagen um den Leim, der alle Materie auf der untersten Ebene zusammenhält. Diese Teilchen heißen «Quarks» und sind die Bausteine der Protonen und Neutronen im Atomkern. Die Silbe «chromo» steht für eine bestimmte Bindungseigenschaft der Quarks, die als «Farbe» definiert wird, aber mit Grün, Blau oder Rot nichts zu tun hat. Eine andere Eigenschaft wird als «flavour» (Geschmack) bezeichnet: willkürliche Namensgebungen, die mehr über die Phantasie und den Humor einer neuen Physikergeneration aussagen als über die Eigenschaften selbst. (📖 QUW)

Gegenwärtig gibt es zwar ein paar viel versprechende Ansätze, dass die starke Wechselwirkung der Quarks mit der elektroschwachen Theorie, die den radioaktiven Zerfall und die Wechselwirkung zwischen Licht und Materie abdeckt, vereinigt werden kann; allerdings gilt es dazu noch einige Hindernisse aus dem Weg zu räumen. Doch selbst wenn eine große allumfassende Quantentheorie vorläge, stünde die theoretische Physik noch immer vor dem Hauptproblem, die Schwerkraft in das einheitliche Weltformelwerk einzubeziehen. Denn die sträubt sich noch immer hartnäckig, den Quantenregeln zu gehorchen.

Die Quantentheorie erklärt die Wechselwirkungen subatomarer Teilchen, deren kleinste Komponenten die Quarks sind. Die Allgemeine Relativität ist die Einstein'sche Theorie der Schwerkraft und beschäftigt sich mit dem großmaßstäblichen Universum. Die am weitesten von der Erde entfernten Schwerkraftfallen heißen Quasare. (▤ 91) So repräsentieren die Quarks die Quantenwelt und das Allerkleinste, wogegen die Quasare als die am weitesten von uns entfernten Objekte im Weltall für die Schwerkraft stehen. Zurzeit können Quarks und Quasare noch nicht in einer einzigen konsistenten Theorie der «Quantenschwerkraft» beschrieben werden. Der Merksatz Quarks – Quasare – Quantenschwerkraft fasst aber recht anschaulich zusammen, worum es bei der vereinheitlichten Theorie geht.

Welche Bedingungen müsste eine solche künftige Quantengravitationstheorie erfüllen? Stephen Hawking schreibt in seinem 2001 erschienenen neuen Buch *Das Universum in der Nussschale*, die Superstringtheorie sei in den frühen 1980er Jahren die aussichtsreichste Kandidatin gewesen, um die Gravitation mit der Quantentheorie zu verbinden. Denn sie betrachtete die Teilchen nicht mehr als unendlich kleine Punkte, sondern als ausgedehnte Fäden mit endlicher Länge. *Strings (Fäden, Saiten) sind wie ihre Namensvettern aus der Alltagswelt eindimensionale, ausgedehnte Objekte. Sie besitzen nur Länge. In der Stringtheorie bewegen sie sich durch den Raumzeithintergrund. Verschiedene Schwingungszustände des String werden als verschiedene Teilchen interpretiert.* (Nus: 60)

Behandelt man alle Elementarteilchen als Erscheinungsformen kleinster vibrierender Fäden, so könnte es möglich sein, alle fundamentalen Kräfte und Teilchen als Konsequenzen einer einzigen Stringtheorie zu beschreiben. Selbst die sonst so widerspenstige Gravitation könnte sich in die Gleichungen einfügen: Tatsächlich ergeben die Formeln der Stringmodelle zwangsläufig die Existenz des hypothetischen «Gravitons», des für die Schwerkraft postulierten Kraftteilchens. Ein Haken an dieser eleganten Theorie war und ist, dass zur Vermeidung der Unendlichkeiten die Raumzeit zehn statt der üblichen vier Dimensionen haben müsste. Eine Lösung dieses Problems lag in der Annahme, dass nach dem Urknall sich nur die drei Dimensionen des Raumes und die eine Dimension der Zeit herausgebildet hatten, während die zusätzlichen sechs oder sieben Raumzeitdimensionen sehr eng zusammengerollt und für die menschliche Wahrnehmung verborgen blieben.

Fragt man nach dem Warum von ausgerechnet drei Raumdimensionen, kommt für Hawking ein Konzept ins Spiel, das «anthropisches Prinzip» genannt wird. Betrachtet ein Kosmologe die Organisation des Universums, dann könnte die Welt, in der wir leben, wie ein Netz aus physikalischen Wechselwirkungen erscheinen, das nur in der Absicht geknüpft wurde, ein intelligentes, auf Kohlenwasserstoffbasis lebendes Wesen namens Anthropos hervorzubringen, das nach einer Antwort für diese scheinbare Absichtlichkeit sucht.

Noch erstaunlicher, kostbarer und verletzlicher erscheinen die Randbedingungen für die Evolution von Bioorganismen, wenn man Modellrechnungen betrachtet, die zeigen, wie schnell dieses filigrane und wohl temperierte Gewebe aus Naturkonstanten ins Wanken geraten kann. Bei einem geringfügig höheren Wert für die Schwerkraft, die jedes Teilchen im Universum zu spüren bekommt, hätten keine Galaxien und Sonnensysteme mit dem Potenzial für lebensfreundliche Planeten entstehen können. Veränderungen anderer Konstanten wie etwa der Masse der Protonen oder der Wechselwirkungen zwischen den Quarks würden – vom menschlichen Standpunkt betrachtet – ein lebensfernes Chaos in Biomolekülen erzeugen.

Ein Universum mit mehr als vier entfalteten Dimensionen wiederum ließe zum Beispiel keine stabile Umlaufbahn der Erde um die Sonne zu. Die Gravitationsanziehung zwischen den Körpern wüchse überproportional an und katapultierte den hypothetischen Planeten entweder hinaus in die Tiefen des Weltraums oder zwänge ihn auf Konfrontationskurs mit der Sonne. (Nus: 96) Da sich diese Szenarien nicht mit den Beobachtungsdaten decken, leben wir offenbar in einem menschenfreundlichen Universum, in dem Stephen Hawking und alle anderen Befürworter des anthropischen Prinzips die richtigen Fragen nach den heiklen Bedingungen für ein menschenfreundliches Universum stellen können.

Wie eng hier Mathematik und Philosophie miteinander verknüpft sind, wird deutlich, wenn man sich bewusst macht, wie hochgradig unwahrscheinlich ausgerechnet jene Konstellation der Naturkonstanten ist, die uns das Rechnen und Philosophieren überhaupt erst ermöglicht. Hätte es zu Beginn der inflationären Ausdehnung des Raums geringfügig größere Unregelmäßigkeiten bei der Energieverteilung oder einen winzigen Schrumpfprozess an der falschen Stelle gegeben, wäre heute niemand da, der über die immense Geschichtenvielfalt des Universums nachdenken könnte.

Zurück zur Stringtheorie: Ihr zufolge, so hatten wir schon festgehalten, müssten jenseits der drei in der Urknallexpansion entfalteten Raumdimensionen und der einen Dimension der Zeit noch sechs zusätzliche Raumdimensionen aufgewickelt existieren, wenn diese Theorie eine bessere Beschreibung des Universums liefern soll als jede Teiltheorie für sich betrachtet. (📖 DeU) Nun stellte sich aber bald heraus, dass es fünf verschiedene Typen Stringtheorie geben konnte. Jede erwies sich in unterschiedlichen Situationen als ein nützliches Rechenwerkzeug und verkörperte einen bestimmten Aspekt desselben zugrunde liegenden theoretischen Rahmens, der M-Theorie genannt wurde. (Nus: 64 f.) Der Mann, der den größten Anteil an der Entdeckung dieses wichtigen Zusammenhangs hatte, ist der Physiker Edward Witten aus Princeton.

Derzeit ist die M-Theorie nur bruchstückhaft bekannt, doch wird sie durchaus bereits als viel versprechende Kandidatin für eine vereinheitlichte Theorie gehandelt. Womöglich eröffnet sie einen Weg, die Unendlichkeiten zu vermeiden, die zwangsläufig auftauchen, wenn man die klassische Schwerkraft mit der Quantentheorie verbinden will. Das M steht für eine zweidimensionale Membran, kurz «Bran» genannt. Der deutsche Wissenschaftsautor Ernst Peter Fischer hat in einer ungnädigen Rezension von *Das Universum in der Nussschale* recht anschaulich beschrieben, worum es bei der Hilfskonstruktion namens Bran eigentlich geht. «Mit Hilfe von Branen können Physiker zum ersten Mal verstehen, wie die Gravitation sich bei extrem kleinen Abständen auswirkt, wenn man das Universum in einer Nussschale hätte. [...] Der Trick besteht darin, dem Kosmos quasi eine Hülle zu geben, die nur die Schwerkraft (und zum Beispiel kein Licht) durchlässt, und dies erklärt auch, woher das seltsame Wort Bran kommt. Es ist die zweite Silbe der Membran, mit der die Biologen die Hülle einer Zelle bezeichnen.» (NZZ)

Edward Witten
Geboren 1951 in Baltimore, USA, studierte in Princeton und Harvard und forscht am Princeton Institute for Advanced Studies. Seine Fähigkeit, physikalische Vorstellungen in mathematischer Form zu interpretieren, brachte ihm als Physiker die Fields-Medaille ein, die höchste Auszeichnung für Mathematiker. Seitdem wird er von Mathematikern auf eine Bedeutsamkeitsstufe mit Isaac Newton gestellt. Mit der «M-Theorie» hat er die zurzeit vielversprechendste Version der Stringtheorie ausgearbeitet und gilt als aussichtsreichster Kandidat, einen entscheidenden Beitrag zu einer vereinheitlichen Theorie zu liefern. Wer mehr über die M-Theorie wissen möchte, kann im Internet einen audiovisuellen Vortrag von Witten abrufen. (🖳 10)

In der Raumzeit der M-Theorie schwingen also auch höherdimensionale Gebilde als nur eindimensionale Strings. Hawkings Spekulationen, die auf den Branen aufbauen, sind weitreichend. Vorausgesetzt, man betrachtet das gesamte Universum als eine einzige dreidimensionale Bran, hält er es für möglich, dass sich nach den Quantengesetzen ständig spontan neue Universen bilden, die sofort wieder kollabieren und verpuffen oder sich weiterentwickeln, ähnlich wie unser eigenes Universum einmal entstand. Das Ergebnis wäre ein «Multiversum», in dem viele verschiedene Universen mit jeweils anderen physikalischen Konstanten parallel zueinander existierten, aber keinen Kontakt miteinander haben könnten, da ihr Licht nicht bis in die Nachbarschaft dringt. Der einzige Hinweis auf ein Universum nebenan wäre – wie bei den unsichtbaren Schwarzen Löchern – die spürbare Gravitationskraft seiner Masse. (Foc)

1999 fand im Potsdamer Albert-Einstein-Institut, dem Max-Planck-Institut für Gravitationsphysik, die alljährliche große

Konferenz der Stringforscher statt. Auch Stephen Hawking nahm an der Veranstaltung «Strings '99» (🖳 11) teil und zog, wie eh und je, den größten Teil der Aufmerksamkeit, der Fernsehkameras und Mikrophone auf sich. Doch wie die Medien registrierten, war der Star der Veranstaltung eindeutig der Princeton-Physiker Edward Witten, der vier Jahre zuvor alle fünf Stringtheorien zur ominösen M-Theorie vereint hatte. Seit dieser theoretischen Großtat, die den Stringforschern in aller Welt neuen Auftrieb gab, wird er von manchen seiner Kollegen als der größte lebende Physiker eingestuft – ein Genie für das 21. Jahrhundert.

1998 war ein außerordentlich wichtiges Jahr für die kosmologische Forschung. In einer konzertierten Aktion aus ingeniösen Fragestellungen, schierer Computerkraft und einer «Materialschlacht» sondergleichen, die im Einsatz neuer Superteleskope gipfelte, fanden die Kosmologen eindeutige Belege für das Schicksal des Universums. Die Urangst des Menschen vor dem Weltuntergang ist demnach unbegründet. Das Raumzeitgefüge, in dem wir leben, wird sich ewig weiter ausdehnen. Es gibt keine Kraft, die die Fluchtgeschwindigkeit der

Edward Witten, 1999

Galaxien bändigen kann. Der Raum selbst bläht sich wie ein Riesenluftballon auf. Die Abstände zwischen den Materieanhäufungen werden zunehmen, sodass der Raum insgesamt immer leerer erscheinen wird. Darüber hinaus nimmt auch die Geschwindigkeit der Expansion stetig zu, als gäbe es irgendwo im Universum eine geheime Antriebskraft. Zu guter Letzt ergab die massive und erfolgreiche Suche nach Supernovae – explodierenden ausgebrannten Sternen – einen bis zum Fund eines neuen Wertes endgültigen Messwert für das Alter des Universums. Aufgrund der einfachen Relationen zwischen der Helligkeit des Supernovalichts und ihrer Entfernung sowie der Farbe des Lichts und ihrer Fortbewegungsgeschwindigkeit (▤ 26–28) errechneten die Teams des amerikanischen Astronomen Saul Perlmutter und seines australischen Kollegen Brian Schmidt, dass das Universum gut 13 Milliarden Jahre alt sein muss. Und fünf Jahre später ergab eine Neuvermessung der kosmischen Hintergrundstrahlung den exakteren Wert von 13,7 Milliarden Jahren. Ein langer Weg von den auf Bibeldaten beruhenden Methoden des Bischofs Ussher im 17. Jahrhundert bis zum Frühjahr 2003.

Nun lagen also die Karten auf dem Tisch: Es wird der Schwerkraft nie gelingen, die Dynamik des Urknalls abzubremsen. Dazu reicht die Materiedichte des Universums nicht aus. Es gibt einfach nicht genügend Galaxien und Sterne, deren Schwerkraft die ewige Expansion aufhalten könnte. Mit dieser überraschenden Einsicht in das Schicksal des Universums war auch Stephen Hawkings Vision von der Kontraktion des Universums und einer Umkehrung des Urknalls in einen Großen Endkollaps endgültig vom Tisch. Allerdings hatte Hawking schon in den 1980er Jahren beides für möglich gehalten: das Feuerwerk einer finalen Explosion oder eben auch die kalte Leere der ewigen Expansion.

Zeitreisen und Wurmlöcher

Acht Jahre nach der Erstausgabe des Jahrhundertbuchs erschien 1996 eine aktualisierte Fassung mit dem Titel *Die illustrierte Kurze Geschichte der Zeit.* Was die neue Version auszeichnete, waren die höchst anschaulichen farbigen Graphiken, Diagramme und Illustrationen. Hawking ließ die neuesten Erkenntnisse der kosmologischen Forschung einfließen und fügte ein Kapitel über Wurmlöcher und Zeitreisen hinzu. Darin vertrat er die Auffassung, dass Zeitreisen sowohl in die Vergangenheit als auch in die Zukunft auf makroskopischer Ebene den Naturgesetzen zufolge nicht möglich seien. Für eine erfolgreiche Reise zurück in der Zeit wäre eine Rakete nötig, die die Lichtgeschwindigkeit überschreitet, was aber gegen die Spezielle Relativitätstheorie verstößt, nach der nichts im Universum schneller unterwegs sein kann als das Licht. Je näher theoretisch ein Raumschiff der Lichtgeschwindigkeit käme, umso mehr Energie müsste es aufwenden. Doch selbst wenn es allen Treibstoff der Welt zur Verfügung hätte, würde der Schub nie ausreichen, um über die Lichtgeschwindigkeit hinauszukommen. Erreichte man sie, so würden für einen Beobachter von außen die Uhren stehen bleiben. Wer sie überschreiten könnte, hätte das Steuer für Reisen in die Vergangenheit in der Hand.

Und es gibt tatsächlich einen Ausweg aus der Beschränkung, die die Spezielle Relativitätstheorie einem reiselustigen Menschen auferlegt. Vorausgesetzt, es gelänge, die Topologie der Raumzeit so zu verändern, dass eine Art Zeitbrücke, auch «Wurmloch» genannt, zwischen zwei Raumzeitregionen entstünde, so eröffnete sich durch diesen Trick die Möglichkeit, eine Strecke zwischen zwei Punkten im Weltraum erheblich zu verkürzen und dadurch eine so große Zeitersparnis zu erreichen, wie man sie bei einer normalen Reiseroute sonst nur mit Überlichtgeschwindigkeit geschafft hätte. Stephen Hawking geht in seinem Beispiel davon aus, eine Abkürzung von der Erde zu unserem benachbarten Sonnensystem Alpha Centauri zu finden: *Es lässt sich also ein […] Wurmloch denken, das aus der Nachbarschaft des Sonnensystems zu Alpha Centauri führt. Dabei könnte die Entfernung durchs Wurmloch nur einige Millionen Kilometer betragen, obwohl Erde und Alpha Centauri vierzig Billionen Kilometer auseinander liegen.* (IGZ: 203)

Ein günstig gelegenes Wurmloch ließe sogar die Situation zu, dass man von der Reise zurückkehrt, bevor man aufgebrochen ist. Das Fatale an der Art der Raumzeitkrümmung, die zur Erzeugung eines Wurmlochs nötig ist, liegt allerdings darin, dass sie negativ sein muss und man dafür negative Energie benötigt, deren Existenz hypothetischer Natur ist. Sobald ein makroskopisches Objekt durch das Wurmloch reisen wollte, würde sich die Röhre deshalb verjüngen und zwei getrennte Singularitäten bilden, was die Passage verhindern würde. (📖 BTW)

In seinem Buch *Das Universum in der Nussschale* lotet Hawking fünf Jahre später die Bedingungen etwas genauer aus, unter denen makroskopische Zeitreisen vielleicht doch möglich wären. Für eine Zeitreise müssen bestimmte Bahnen in einer Raumzeitregion möglich sein, geschlossene zeitartige Kurven, die er *Zeitschleifen* nennt. Auf solchen Bahnen könnte ein Objekt, das sich bei einer entsprechenden Raumzeitkrümmung langsamer als das Licht fortbewegt, in die eigene Vergangenheit zurückreisen. In Anlehnung an den Ereignishorizont Schwarzer Löcher postuliert Hawking einen *Zeitreisehorizont […], eine Grenze, die die Region der Zeitschleifen von der Region ohne Zeitschleifen trennt. […] Während der Horizont eines Schwarzen Lochs von Lichtstrahlen gebildet wird, die es gerade noch vermeiden können, ins Schwarze Loch zu fallen, wird ein Zeitreisehorizont durch Lichtstrahlen definiert, die, einer Zeitschleife folgend, fast mit sich selbst zusammentreffen. Einer Zeitmaschine entspricht, was ich als endlich erzeugten Horizont bezeichne. Dieser Horizont besteht aus Lichtstrahlen, die aus einer begrenzten, endlich ausgedehnten Region kommen.* (Nus: 151)

Mit Hilfe der globalen Geometrie, die er in den 1960er Jahren mit Roger Penrose entwickelte, will Hawking berechnet haben, dass ein derart erzeugter Horizont mindestens einen Lichtstrahl enthält, der unaufhörlich zum selben Raumzeitpunkt zurückkehrt. Wollte nun eine fortgeschrittene Zivilisation eine solche Zeitmaschine bauen, müsste sie negative Energie dafür aufwenden und einem kosmologischen Modell folgen, in dem die Materie den Quantenregeln gehorcht, die Raumzeit jedoch klassisch definiert ist. Wie wir beim «Verdunsten» Schwarzer Löcher gesehen haben, sorgen diese Quantengesetze dafür, dass auch scheinbar leere Felder Quantenfluktuationen unterworfen sind, wobei es zu lokal negativen Energiedichten kommt. (▤ 95 f.) Ausreichend negative Werte könnten die Raumzeit tatsächlich so stark krümmen, dass der Bau einer Zeitmaschine auch für makroskopische Objekte im Bereich des Möglichen liegt. Der Horizont einer solchen Zeitmaschine enthielte geschlossene Lichtstrahlen, die immer wieder an denselben Punkt zurückkehrten. *Die Energiedichte am Horizont – an der Grenze der Zeitmaschine, der Region, in der man in die Vergangenheit reisen könnte – [müsste] unendlich sein. [... Das] aber würde bedeuten, dass eine Person oder eine Raumsonde, die versuchte, ihn zu durchqueren, um in die Zeitmaschine zu gelangen, von einem Strahlenblitz vernichtet würde.* (Nus: 154)

Was sich also anfangs recht viel versprechend anhörte, endet in der Selbstvernichtung. Ein Ergebnis, das Hawkings so genannter *Chronologieschutzthese* entspricht, nach der alle Naturgesetze so zusammenwirken, dass man nicht aktiv in die Vergangenheit eingreifen kann.

Ein Besucher, der Stephen Hawkings Arbeitszimmer im Cambridger Zentrum für mathematische Wissenschaften betritt, wird von der Kultblondine mit dem berühmtesten Kussmund der 1950er Jahre angelächelt. Hawkings zweite Frau Elaine, die er 1995 geheiratet hat, ist anscheinend nicht pikiert über die ständige Präsenz von Marilyn Monroe am Arbeitsplatz ihres Mannes, der als der berühmteste Physiker der Welt gilt. Man mag über die Motive spekulieren, die den Star der zeitgenössischen Kosmologie dazu bewegten, ausgerechnet ein unübersehbar großes Bild des Sexsymbols dort aufzuhängen, wo er täglich über Ursprung und Schicksal des Universums nachdenkt. Vielleicht macht er sich ja einfach nur einen Jux daraus, in die verblüfften Gesichter seiner Besucher zu blicken, die vermutlich eher strenge Grau-in-grau-Porträts von Galilei, Newton und Einstein erwarten würden.

Eine Assoziation aber drängt sich förmlich auf, wenn man Hawking vor dem Marilyn-Poster sieht: Beide Stars gehören zur Folklore des 20. Jahrhunderts. Als Legenden schon zu Lebzeiten wurden sie von ihrem Publikum mit Haut und Haaren vereinnahmt und bieten sich noch immer als Projektionsflächen für die unterschiedlichsten Wünsche und Idealisierungen an. Der von unheilbarem Muskelschwund fast völlig gelähmte Professor wird zum körperlosen Wesen stilisiert, das mit der künstlichen Stimme einer Maschine zu seinen Anhängern spricht. Ein fast perfektes Bild vom völlig losgelösten Geist, der sich kraft seiner überragenden Intelligenz über seine körperlichen Beschränkungen hinwegsetzt und «Gottes Plan» entschlüsseln will. So jedenfalls möchte ihn die Öffentlichkeit sehen.

Hawking selbst versucht mit großem Erfolg, seine Behinderung zu ignorieren und den Menschen in seiner Umgebung die Befangenheit im Umgang mit ihm zu nehmen. Und wenn sich der Star seinerseits ein Idol gewählt hat, das als Inbegriff körperlicher Vollkommenheit und erotischer Attraktivität gilt, so weist dieser Umstand darauf hin, dass der scheinbar entrückte Geist ganz normale Gefühle hat. Als der amerikanische Schriftsteller und Astrophysiker Gregory Benford Hawking im Frühjahr 2002 besuchte und auf Marilyn ansprach, antwortete dieser: *Ja, sie ist wunderbar. Einfach kosmologisch. Eigentlich wollte ich ein Foto von ihr in meinem neuen Buch haben. Als himmlisches Objekt.* (12)

Der Kontrast zwischen Image und Wirklichkeit, aber auch zwischen Image und Image ist bei solchen Dimensionen des Ruhms wie bei Stephen Hawking und Marilyn Monroe oft erstaunlich. Vielsagend ist ein Vergleich zwischen Hawkings Renommee in der Öffentlichkeit und der Einschätzung seiner wissenschaftlichen Leistung durch Physikerkollegen. So entschied sich der englische Helicon Verlag im März 2000, ein in Richtung Jugendlichkeit retuschiertes Bild Stephen Hawkings als Umschlagfoto seines «Hutchinson Dictionary of Scientific Biography» zu verwenden, in dem Kurzbiographien von vielen hundert der einflussreichsten Wissenschaftler aller Zeiten versammelt sind. Der Wiedererkennungswert des Hawking'schen Porträts wird benutzt, um die großen Heroen der gesamten Wissenschaftsgeschichte zu repräsentieren.

Im schroffen Gegensatz dazu steht das Ergebnis einer Umfrage der Zeitschrift «Physics World», in der die Weltelite der Physiker nach ihrem bedeutendsten Kollegen befragt wurde. Albert Einstein siegte erwartungsgemäß mit mehr als doppelt so vielen Stimmen wie Isaac Newton, der auf dem zweiten Rang landete. Und Ernest Rutherford schaffte es immerhin noch, unter die Top Ten zu kommen. Der Kommentar der britischen Zeitung «The Observer» vom 21. Oktober 2001 lautete: «Da fragt man sich natürlich, wo auf dieser Liste der Koryphäen eigentlich Stephen Hawking rangiert, [der] von seinen Verlegern bei Bantam auf dem Cover seines neuen Buches *Das Universum in der Nussschale* als einer der brillantesten theoretischen Physiker seit Einstein gerühmt wird. Die Antwort ist einfach. Gemeinsam mit ein paar anderen Wissenschaftlern steht er unter ferner liefen mit einer einzigen Stimme an letzter Stelle.» (Obs)

Man fragt sich, wie Hawking als Physiker aus Leidenschaft derartige Kontraste aushalten kann. Nach dem überwältigenden Erfolg seines Buches scheinen inzwischen viele Kollegen, die glauben, ähnlich gute Bücher schreiben zu können und daher gewiss nicht ganz frei sind von Neid und Missgunst, auf Distanz zu Hawking zu gehen oder ganz nüchtern seine nackten wissenschaftlichen Leistungen dem enormen Ruhm vergleichend gegenüberzustellen. Solange dabei keine Gehässigkeit im Spiel ist, die Hawkings Errungenschaften herabzusetzen droht, scheint dies ein heilsamer Normalisierungsprozess für alle Beteiligten zu sein.

Stephen Hawking hat mit *Eine kurze Geschichte der Zeit* ein Buch geschrieben, dessen Erfolg jeden Rahmen gesprengt und die Erwartungen ins Monströse geschraubt hat. Wird er in der Lage sein, die Vereinheitlichung der Physik noch entscheidend mitzuprägen, oder ist jetzt die nächste Generation mit neuen Stars wie M-Theorie-Tüftler Edward Witten am Zug? Ist angesichts der Komplexität der anstehenden Fragen überhaupt noch damit zu rechnen, dass eine einzelne überragende Intelligenz im Alleingang die «Weltformel» präsentieren wird, wie es vor knapp hundert Jahren Albert Einstein mit seiner Relativitätsrevolution gelang? Wohl kaum. Die Raum und Zeit aufhebende Kommunikation über das Internet hat auch in der Avantgardephysik weltweit operierende Arbeitsgruppen geschaffen. Die Elite arbeitet zusammen und muss ihre Ideen und Ergebnisse im Fegefeuer der «Instant-Peer-Review» ihrer jeweiligen Online-Community bestätigt finden. Das Tempo ist rasant geworden, und die schnelle Verfügbarkeit neuer Daten schafft eine Infrastruktur, die vorsichtig optimistische Schlüsse zulässt.

Doch ist die Suche nach der großen einheitlichen Theorie überhaupt der richtige Ansatz? Stephen Hawking hält es durchaus für möglich, dass die Jagd nach der einen Urformel ergebnislos bleibt: *Möglicherweise haben wir hier das gleiche Problem wie bei Landkarten: Die Oberfläche der Erde […] lässt sich nicht durch eine einzige Karte beschreiben. Um jeden Punkt zu erfassen, braucht man für die Erde mindestens zwei […] Karten. Jede Karte ist nur für eine begrenzte Region gültig, aber verschiedene Karten überschneiden sich in bestimmten Regionen. Eine solche Zusammenstellung von Karten liefert eine vollständige Beschreibung der Oberfläche. Entsprechend müssen vielleicht in der Physik verschiedene Formulierungen in verschiedenen Situationen verwendet werden […]. Die gesamte Palette verschiedener Formulierungen wäre dann als vereinheitlichte Theorie zu betrachten, auch wenn sie sich nicht durch ein einziges System von Postulaten ausdrücken ließe.* (IGZ: 223 f.)

Am 8. Januar 2002 feierte Stephen Hawking seinen 60. Geburtstag. Die Universität Cambridge veranstaltete eine Feierstunde, die weltweit im Fernsehen übertragen wurde. (💻 13)

Stephen Hawking im Kreis seiner Mitarbeiter an seinem 60. Geburtstag, dem 8. Januar 2002

Der Jubilar saß in seinem Rollstuhl auf dem Podium und ließ über seinen Sprachsynthesizer noch einmal die wichtigsten Stationen seiner Karriere Revue passieren. Sein Haar ist grauer geworden, doch noch immer huscht von Zeit zu Zeit das gewinnende Lächeln über sein Gesicht, das ihn weltberühmt gemacht hat.

Zeittafel

1942 Stephen Hawking wird am 8. Januar als erster Sohn der Wirtschaftswissenschaftlerin Isobel Hawking und des Tropenmediziners Frank Hawking im englischen Oxford geboren.

1952 Eintritt in die private St. Albans School in der Nähe Londons.

1959 Begabtenstipendium der Universität Oxford. Dreijähriges Grundstudium der Physik.

1961 Physikpreis der Oxford University.

1962 Abschlussexamen in Oxford mit «sehr gut». Doktorandenkurs bei Dennis Sciama am Fachbereich für angewandte Mathematik und theoretische Physik der Universität Cambridge mit dem Forschungsschwerpunkt Kosmologie.

1962 Erste Begegnung mit Jane Wilde am 31. Dezember.

1963 ALS-Diagnose: Amyotrophe Lateralsklerose, eine unheilbare Krankheit mit Rückbildung der Körpermuskulatur, Lähmung und Verfall des Körpers.

1965 Im Schlusskapitel seiner Dissertation wendet Hawking Roger Penroses Vorstellung einer Raumzeitsingularität im Inneren eines Schwarzen Lochs auf das ganze Universum an. Erlangung der Doktorwürde. Fellowship und Forschungsstipendium am Caius College in Cambridge.

1965 Hochzeit mit Jane Wilde.

1965–1970 Zusammenarbeit mit Roger Penrose, die zur Formulierung von Singularitättheoremen für den Anfang des Universums und der Zeit führt.

1966 Adams-Preis für den Aufsatz *Singularities and the Geometry of Spacetime.*

1967 Geburt des ersten Sohns Robert.

1970 Geburt von Tochter Lucy. Umstieg auf einen Rollstuhl. Mitarbeit am Institute of Astronomy, Cambridge.

1973 Konzentration auf die Arbeit an der quantenmechanischen Interpretation Schwarzer Löcher. Erste Buchveröffentlichung gemeinsam mit George Ellis bei Cambridge University Press: *The Large Scale Structure of Spacetime.*

1974 Bekanntgabe des Ergebnisses seiner Forschung, dass Schwarze Löcher Strahlung emittieren, auf einer Konferenz im Februar in Oxford.

1974 Veröffentlichung des fortan «Hawking-Strahlung» genannten Phänomens am 1. März in der Zeitschrift «Nature». Durchbruch zum Weltruhm. Aufnahme in die Royal Society.

1974/75 Einladung für ein Forschungsjahr mit Kip Thorne am California Institute of Technology in Pasadena, Kalifornien.

1975/76 Auszeichnung mit sechs Preisen, darunter die Eddington-Medaille der Royal Astronomical Society und die Pius-XII.-Medaille der Päpstlichen Akademie der Wissenschaften.
Ernennung zum «Reader» für Gravitationsphysik, eine akademische Stellung zwischen Fellow und Professor.

1977 Ernennung zum Professor des Caius College in Cambridge. Die BBC-Sendereihe «The Key of the Universe» widmet sich seinen Versuchen, die Allgemeine Relativitätstheorie mit der Quantenmechanik zu vereinen. Dadurch wird Hawking erstmals einem Massenpublikum bekannt.

1978 Albert Einstein Award.

1979 Berufung auf den Lukasischen Lehrstuhl der Universität Cambridge. Geburt des zweiten Sohns Timothy. Mitherausgeber des Konferenzbandes: *General Relativity: An Einstein Centenary Survey.*

1981 Gemeinsam mit James Hartle präsentiert Hawking auf der Kosmologiekonferenz der Päpstlichen Akademie der Wissenschaften im Vatikan die «Kein-Rand-Bedingung». Es ist sein Beitrag zur Frage nach dem Beginn des Universums und der Zeit.
Ehrung durch Königin Elizabeth II. mit dem Titel «Commander of the British Empire».
Mitherausgeber von: *Superspace and Supergravity.*

1982 Vier Ehrendoktorate von den Universitäten Leicester, New York, Princeton und Notre Dame, Paris.

1983 Veröffentlichung von *The Very Early Universe* bei Cambridge University Press. Erste Verhandlungen mit dem Verlag über ein populärwissenschaftlich geschriebenes Kosmologiebuch.

1984 Hawking liefert dem New Yorker Literaturagenten Al Zuckerman einen Entwurf für *Eine kurze Geschichte der Zeit.* Der versteigert das Buchprojekt, und der Bantam Verlag erwirbt die Rechte.

1984–88 Zusammenarbeit zwischen Lektor Peter Guzzardi und Hawking am Manuskript.

1985 Während eines Studienaufenthaltes in Genf kommt es im August durch eine Verengung der Luftröhre zu einer Lungenentzündung. Mit einer Luftröhrenöffnung und künstlicher Beatmung kann Hawkings Leben gerettet werden, aber er wird nie wieder sprechen können.

1985 Hawking bekommt ein Computerprogramm, mit dessen Hilfe er Sätze zusammenstellen und an einen Sprachsynthesizer weiterleiten kann.

1988 Im April Veröffentlichung des Buches *Eine kurze Geschichte der Zeit* in den USA. Im Sommer erscheinen die englische und die deutsche Ausgabe.

1988–1996 Ausgedehnte Vortragsreisen und Veröffentlichungen in Fachzeitschriften.

1989 Verleihung des Ehrentitels «Companion of Honour» durch Königin Elizabeth II.

1990 Die Ehe mit seiner Frau Jane wird geschieden.

1992 Eine dokumentarische Filmfassung des Buchs *Eine kurze Geschichte der Zeit* wird gedreht. Auch ein Buch zum Film zum Buch erscheint unter dem Titel: *A Brief History Of Time. A Reader's Companion.* Deutsche Ausgabe: *Stephen Hawkings Welt. Ein Wissenschaftler und sein Werk.*

1993 Die Aufsatzsammlung *Black Holes and Baby Universes and Other Essays* erscheint. Deutsche Ausgabe: *Einsteins Traum. Expeditionen an die Grenzen der Raumzeit.*

1995 Hochzeit mit seiner Pflegerin Elaine Mason.

1996 *Die illustrierte Kurze Geschichte der Zeit* erscheint, eine auf den neuesten Stand der Forschung gebrachte aktualisierte Ausgabe des Welterfolgs.

1998 Vortrag für Bill Clinton und Gäste im Weißen Haus in Washington.

2001 September: Die deutsche Ausgabe von Hawkings neuem Buch *Das Universum in der Nussschale* erscheint.

Zeugnisse

Kip Thorne
Stephens besondere Begabung lag wohl darin, dass er sich weit schneller [...] einarbeitete als alle anderen: Er eignete sich die Techniken an, begann sie zu verwenden und machte so rasche Fortschritte, dass alle anderen in einer Staubwolke zurückblieben. (SHW: 96)

Lucy Hawking
«Ich hatte [...] oft Streit mit ihm. Ich muss zugeben, dass keiner von uns freiwillig ein Stück zurücksteckt. Ich glaube, den meisten Menschen ist gar nicht klar, wie unnachgiebig er ist. Wenn er sich einmal eine Idee in den Kopf gesetzt hat, dann verfolgt er sie, ganz gleich, welche Konsequenzen das haben könnte. Und er gibt niemals auf. Er tut, was er tun möchte, was es andere auch kosten mag.»
(20/20, ABC-Fernsehsendung 1989 zitiert in USH: 190)

Robert Berman
Die neueste Ausgabe des «Who's Who» listet einige seiner Ehrungen auf, kann aber nicht mit dem Tempo Schritt halten, in dem ihm solche Auszeichnungen zuteil werden.
Aus den Reihen unseres College dürfte noch nie ein so bedeutender Wissenschaftler hervorgegangen sein. Es mag Sie überraschen, dass ich Sie bitte, einen Wissenschaftler, der noch keine fünfunddreißig Jahre alt ist, als Ehrenmitglied [des Oxford University College] in Betracht zu ziehen, aber [...] sein wissenschaftlicher Rang [ist] wirklich außergewöhnlich. (Bio: 201 f.)

Mark Barty-King (Bantam Verlag, England)
Man muss ihm begegnen, um zu begreifen, wie außergewöhnlich er ist. Besonders überraschend ist sein Humor – nach alldem, was er durchgemacht hat. (Bio: 71)

Golo Mann
«Eine kurze Geschichte der Zeit» steht, soviel ich sehen kann, auf allen europäischen Bestseller-Listen. Warum wohl? Wir wollten alle einmal wissen,was es mit unserem Universum nun eigentlich auf sich hat; endgültige, auch gewaltig neue Erkenntnisse, geboten von einem führenden Gelehrten. Nun aber geht es dem Unterzeichneten wie Goethes Faust:
Da steh ich nun, ich armer Tor,
Und bin so klug als wie zuvor!
(In einem Beitrag für die «Zeit» 1989)

Henry Glass
Dieser Mensch, für den jeder gesunde Schritt eine Gnade wäre und eine Herrlichkeit, dieser Mensch strahlt eine Demut aus und eine Würde, die dem Gegenüber die anfängliche Beklommenheit einfach fortnimmt und ihm seine Unbefangenheit zurückgibt.
(Spi: 258)

Isobel Hawking
Er glaubt einfach nicht, dass er sich in irgendeiner Weise von anderen Menschen unterscheidet. Wenn er etwas kann, dann können das seiner Meinung nach alle anderen auch. Deshalb ist sein Buch kein Buch für Fachleute geworden. Ich meine, es wendet sich an jedermann, und er glaubt, dass jeder es verstehen kann. Er denkt sogar, ich könnte das. Da ist er wohl ein bisschen zu optimistisch. Aber er glaubt es wirklich.
(1992)

Bibliographie

Veröffentlichungen von Stephen Hawking

Bücher

1. The Large Scale Structure of Space-Time (mit G. F. R. Ellis). Cambridge 1973
2. Eine kurze Geschichte der Zeit. Reinbek 1988
3. Einsteins Traum. Reinbek 1993
4. Die illustrierte Kurze Geschiche der Zeit. Reinbek 1996
5. Raum und Zeit (mit Roger Penrose). Reinbek 1998
6. Das Universum in der Nussschale. Hamburg 2001

Herausgeber (Auswahl)

1. General Relativity: An Einstein Centenary Survey (mit W. Israel). Cambridge 1979
2. Superspace and Supergravity (mit M. Rocek). Cambridge 1981
3. Euclidian Approach to the Inflationary Universe (mit G.W. Gibbons und S.T. Siklos). Cambridge 1983
4. Quantum Cosmology. 300 Years of Gravity (mit W. Israel). Cambridge 1987
5. Stephen Hawkings Welt. Reinbek 1995

Essays und Artikel in Zeitschriften (Auswahl)

1. On the Hoyle-Narlikar Theory of Gravitation. Proc. Roy. Soc. A286, 313 (1965)
2. The Singularities of Gravitational Collapse and Cosmology (mit R. Penrose). Proc. Roy. Soc. A314, 529 (1970)
3. Black Holes in General Relativity. Commun. Math. Phys. 25, 152 (1972)
4. Black Hole Explosions. Nature 248, 30 (1974)
5. Black Holes and Thermodynamics. Phys. Rev. D31, 181 (1976)
6. Quantum Mechanics of Black Holes. Scientific American 236, 33 (1977)
7. Is the End in Sight for Theoretical Physics? Inaugural Lecture, Cambridge (1980)
8. The Cosmological Constant is Probably Zero. Phys. Lett. B134, 403 (1984)
9. The Edge of Spacetime. American Scientist July–August (1984)
10. The Arrow of Time in Cosmology. Phys. Rev. D32, 2489 (1985)
11. The Direction of Time. New Scientist 1568, 46 (1987)
12. Wormholes in Spacetime. Phys. Rev. D37, 904 (1988)
13. Chronology Protection Conjecture. Phys. Rev. D46, 603 (1992)
14. Virtual Black Holes. Phys. Rev. D53, 3099–3107 (1996)
15. Open Inflation Without False Vacua (mit Neil Turok). Phys. Lett. B425, 25–32 (1998)
16. Brane New World (mit T. Hertog und H. S. Reall). Phys. Rev. D62, 043501 (2000)
17. Living with Ghosts (mit T. Hertog). Phys. Rev. D65, 103515 (2002)

Eine komplette Liste kann man auf der offiziellen Website von Stephen Hawking abrufen: www.hawking.org.uk/info/mindex.html

Zitatquellen

APh: Annalen der Physik, Band 17, 1905
Bio: White, Michael/Gribbin, John: Stephen Hawking. Die Biographie. Reinbek 1994
DUr: Davies, Paul: Die Urkraft. Hamburg 1987
EDM: Weinberg, Steven: Die ersten drei Minuten. München 2000
EiT: Hawking, Stephen: Einsteins Traum. Reinbek 1993
Foc: Focus Nachrichtenmagazin Nr. 36, 3. September 2002, Seite 128–140
GöF: Aczel, Amir D.: Die göttliche Formel. Reinbek 2002
Hei: Hermann, Armin: Heisenberg. Reinbek 1976
HUS: Levin, Janna: How The Universe Got its Spots. Princeton 2002
IGZ: Hawking, Stephen: Die illustrierte Kurze Geschichte der Zeit. Reinbek 1996
JEr: Boslough, John: Jenseits des Ereignishorizontes. Reinbek 1985
MaU: Master of the Universe. TV-Dokumentation. BBC 1989
MEt: Gorst, Martin: Measuring Eternity. The Search For The Beginning Of Time. New York 2001
Nus: Hawking, Stephen: Das Universum in der Nussschale. Hamburg 2001
NZZ: Neue Zürcher Zeitung, 31. Oktober 2002, Seite 63
Obs: The Observer, 21. Oktober 2001
QED: Feynman, Richard: QED. Die seltsame Theorie des Lichts und der Materie. München 1988
RuZ: Hawking, Stephen/Penrose, Roger: Raum und Zeit. Reinbek 1998
Sac: Sacks, Oliver: Onkel Wolfram. Reinbek 2001
SHW: Hawking, Stephen (Hg.): Stephen Hawkings Welt. Reinbek 1995
Spi: Spiegel, Nr. 42/1988, Seiten 246–270
TuG: Heisenberg, Werner: Der Teil und das Ganze. München 1969
USH: Ferguson, Kitty: Das Universum des Stephen Hawking. München 2000
Wiz: Overbye, Dennis: «The Wizard of Space and Time», in: «Omni», Februar 1979, Seiten 45–107
Zei: Die Zeit, Nr. 41/7. 10. 1988, Seite 46
ZEU: Gott, J. Richard: Zeitreisen in Einsteins Universum. Reinbek 2002

Weiterführende Literatur

BTW: Thorne, Kip: Black Holes and Time Warps: Einsteins Outrageous Legacy. New York 1995
DeU: Greene, Brian: Das elegante Universum. Berlin 2002
EAm: Stachel, John: Einsteins Annus mirabilis. Reinbek 2001
EHu: Sharov, Alexander S./Novikov, Igor D.: Edwin Hubble, der Mann, der den Urknall entdeckte. Basel 1994
EMC: Kahan, Gerald: $E = mc^2$. Einsteins Relativitätstheorie zum leichten Verständnis für jedermann. Plastisch erklärt. Köln 1998
GKN: Guth, Alan: Die Geburt des Kosmos aus dem Nichts. Die Theorie des inflationären Universums. München 1999
GKo: Silk, Joseph: Die Geschichte des Kosmos. Heidelberg 1999
QSP: Popper, Karl R.: Die Quantentheorie und das Schisma der Physik. Tübingen 2001
QUW: Fritzsch, Harald: Quarks. Urstoff unserer Welt. München 2001

SLK: Begelman, Mitchell / Rees, Martin: Schwarze Löcher im Kosmos. Die magische Anziehungskraft der Gravitation. Heidelberg 2000
WpG: Feynman, Richard: Vom Wesen physikalischer Gesetze. München 1993
ZeH: Philip und Phylis Morrison: Zehn Hoch. Dimensionen zwischen Quarks und Galaxien. Heidelberg 1984

Websites

1 www.heise.de/newsticker/data/sha-02.09.01–000/
2 www.ptb.de/de/wegweiser/infoszurzeit/_index.html
3 www.astro.unibas.ch/publication/uninova/gautschy/gautschy.shtml
4 www.iap.uni-bonn.de/P2K/waves_particles/lightspeed_evidence.html
5 www.quarks.de/relativ/04.htm
6 www.als-site.de
7 www.mpg.de/pdf/wissBeitraege/suw0311-s24-32.pdf
8 www.private-eye.co.uk/
9 online.kitp.ucsb.edu/online/colloq/hawking2
10 online.kitp.ucsb.edu/online/davidfest/witten
11 strings99.aei.mpg.de
12 www.reason.com/0204/fe.gb.leaping.shtml
13 www.damtp.cam.ac.uk/user/hawking60

Namenregister

Die kursiv gesetzten Zahlen bezeichnen die Abbildungen.

Über den Autor

Hubert Mania, geboren 1954, erlernte während eines einjährigen Studienaufenthaltes in den USA die handwerklichen Grundlagen kreativen Schreibens. Nach dem Studium der Germanistik und Anglistik arbeitete er als selbständiger Konzertveranstalter und Manager eines Kulturzentrums, bevor er 1987 seinen ersten Roman «Scintilla Seelenfunke» bei Rowohlt veröffentlichte.
Danach spezialisierte er sich auf die Übersetzung populärwissenschaftlicher Bücher und war an der Redaktion für Stephen Hawkings Bücher «Eine kurze Geschichte der Zeit» und «Das Universum in der Nussschale» beteiligt.

Hubert Mania lebt als Autor und Übersetzer in Braunschweig.

Quellennachweis der Abbildungen

Stewart Cohen Pictures, Dallas: Umschlagvorderseite
Fotos: akg-images, Berlin: 3, 13, 37
© ABD RABBO / SIPA, Paris: 6, 133
Manni Mason's Pictures, Cambridge: 16, 17, 18, 49, 52, 129
Aus: Stephen Hawkings Welt. Hg. von Stephen Hawking. Bearbeitet von Gene Stone. Reinbek 1995: 20, 47, 51, 66, 80, 103, Umschlagrückseite oben
Alexander Häge, Ulm: 27 (Der Fotograf widmet das Foto der Besatzung der verunglückten Columbia STS-107.)
Science Photo Library, London / Agentur Focus, Hamburg: 28, 42, 71 (Anthony Howarth)
Aus: Carl Seelig: Albert Einstein und die Schweiz. Zürich u. a. 1952: 34
Moonrunner Design, Charmouth, England: 40, 89, 97
CORBIS: 55 (Bettmann), 102 (Douglas Kirkland)
Archiv zur Geschichte der Max-Planck-Gesellschaft, Berlin-Dahlem: 57
Aus: Armin Hermann: Heisenberg. Reinbek 1976: 61
dpa, Bildarchiv Hamburg: 73
Aus: Stephen Hawking: Die illustrierte Kurze Geschichte der Zeit. Reinbek 1998: 78, 109, 114
The Associated Press, Frankfurt a. M.: 87
Aus: Kitty Ferguson: Das Universum des Stephen Hawking. Eine Biographie. München [3]2000: 101 (Stephen Hawking), 126 (Stephen Shames)
Tony Mastres, Santa Barbara, University of California: 121
Rowohlt Verlage: 128, Umschlagrückseite unten
Norbert Michalke, Berlin: 141
Photograph and copyright by Anna N. Zytkow, Cambridge: 149

Trotz sorgfältiger Recherchen konnten nicht alle Rechteinhaber ermittelt werden. Der Verlag ist bereit, berechtigte Ansprüche in üblicher Weise abzugelten.